커플 여행

커플 여행

지은이 홍미경
펴낸이 안용백
펴낸곳 (주)넥서스

초판 1쇄 발행 2009년 8월 1일
초판 8쇄 발행 2010년 12월 5일

2판 1쇄 발행 2013년 4월 25일
2판 2쇄 발행 2013년 4월 30일

출판신고 1992년 4월 3일 제311-2002-2호
121-840 서울시 마포구 서교동 394-2
Tel (02)330-5500 Fax (02)330-5555
ISBN 978-89-6790-187-5 13980

본 책은 『커플 여행』의 전면 개정판입니다.

www.nexusbook.com
넥서스BOOKS는 (주)넥서스의 실용 브랜드입니다.

당일 여행부터
제주 드라이브 코스까지

커플 여행

글·사진 **홍미경**

넥서스BOOKS

즐거운 추억거리를 남긴 커플 여행의 후유증

커플 여행을 너무 다녔나 보다.

'응애에~' 나는 지금 커플 여행의 후유증을 심각하게 겪고 있다. 달콤한 커플 여행 후, 입덧으로 시작한 후유증은 이제 아들의 우렁한 울음소리로 이어져 끝없이 수면 부족을 유발하고 있다. 요즘 심정으로는 커플 여행 프롤로그가 아니라, 커플 여행 경고문을 쓰고 싶은 것이 솔직한 심정이다. 무엇이든지 중도를 걸었어야 했거늘……. 나는 너무 다녔나 보다.

무던히 커플 여행지를 문의해 오던 한 친구에게 나의 이 솔직한 심정을 이야기했더니, 친구는 "니가 소개해 준 곳은 다 좋았어. 그 책 꼭 써~."라고 위로한다. 그 순간 나는 생각했다. '아~, 이 친구는 아직 아이가 없어서 이런 소리를 하는구나…….'

그래서 결혼 7년 차인 두 아이의 엄마에게 다시 물었다. 전화기 너머로 그녀의 시니컬한 목소리가 들려온다. "그 책이 나오든 안 나오든, 갈 사람은 다 가고 안 갈 사람은 안 가!" 솔직히 말하자면 좀 더 노골적이고 노출적인 말을 사용했지만, 출판용이 아니므로 이 정도에서 마무리한다. 하여간 나는 그 말을 들은 후에야 홀가분하게 책을 마무리할 수 있었다.

하지만 나는 경고한다. 커플 여행을 떠날 때는 좋다. 하지만 나처럼 여행 갈 때는 둘이지만, 돌아올 때는 셋이 될 수 있다. 사랑에 대해 책임질 것이 걱정인 커플이라면 당일 여행으로 만족하는 것이 좋다. 사랑의 절제! 정말 좋은 말이다. 그래서 이 책의 구성도 당일 여행이나 무박 여행 중심이다. 그리고 자가용이 없는 젊은 커플들이 쉽게 여행을 떠날 수 있도록 철저하게 대중교통을 이용한 여행으로 준비했다.

하지만 힘들 때마다 생각나는 것이 커플 여행의 좋은 추억인 것은 부정할 수 없다. 내 인생의 황금기였던 그 시기가 있었기에 배꼽까지 내려오는 다크서클을 끌어안고 묵묵히 이 시기를 견딜 수 있는 것이리라. 치열하게 사랑했고, 즐거운 추억 거리를 남겼으니, 이젠 인고의 시간을 보내는 것이 당연한 이치. 이 책을 쓰면서 사랑했고, 결혼했으며, 아이를 낳았다. 잊을 수 없는 시간을 함께한 이 책은 나에게 있어 정말 귀한 선물이다.

만삭의 딸이 취재하러 다닌다고 문경새재를 넘을 때, 산 아래에서 빌려 온 휠체어에 나를 태우고 산에서 내려갈 정도로 사랑과 지원을 아끼지 않았던 아버지와 뱃속에서 고생한 사랑하는 아들, 그리고 커플 여행의 후유증을 온몸으로 같이 겪은 나의 남편에게 감사의 마음을 전하며 이 책을 바친다.

홍미경

Contents

Part.1
시작하는 연인들을 위한 당일 여행

Part.2
수줍은 연인들을 위한 무박 야간 여행

경기 · 인천

경기 · 인천권은 전철과 대중교통 편이 잘 구축되어 수도권 거주자들이 쉽게 여행을 떠날 수 있는 곳이다. 다양한 수목원과 문화 예술 테마 파크 등 볼거리가 많다. 전철과 시내버스를 번갈아 타며 연인과 함께 즐기는 여행의 재미가 쏠쏠할 것이다.

헤이리 p.33

계절 봄 ★★★★ 여름 ★★
　　가을 ★★★★ 겨울 ★★
일정 당일
교통 대중교통 ★★
테마 문화 · 예술

대청도 p.273

계절 봄 ★★ 여름 ★★★★
　　가을 ★★ 겨울 ★
일정 1박 2일
교통 대중교통 ★
테마 섬, 해수욕, 낚시

포천 허브 아일랜드 p.45

계절 봄 ★★★★ 여름 ★★
　　가을 ★★★★ 겨울 ★
일정 당일
교통 대중교통 ★★
테마 식물원, 테마 파크

이천 테르메덴 p.121

계절 봄 ★★ 여름 ★★★
　　가을 ★★★ 겨울 ★★★★
일정 당일
교통 대중교통 ★★
테마 스파, 테마 파크

강원도

강원도는 동해의 장엄한 일출과 낭만적인 바다 여행의 메카이다. 연인과 손잡고 바다만 거닐다 와도 좋을 곳이다. 하지만 속초의 맛집들과 강릉의 시내버스 여행, 정동진 기차 일출 여행과 하슬라 아트 월드 등 대중교통으로도 얼마든지 만끽할 수 있는 매력적인 장소들이 가득하다.

경포호 p.89

계절 봄 ★★★ 여름 ★★★★
　　　가을 ★★★ 겨울 ★★
일정 당일~1박 2일
교통 대중교통 ★★★
테마 호수, 바다

정동진 일출 여행 p.147

계절 봄 ★★★ 여름 ★★★★
　　　가을 ★★★ 겨울 ★★
일정 무박 야간
교통 대중교통 ★★★
테마 해돋이, 바다, 테마 파크

영월 별빛 여행 p.199

계절 봄 ★★★ 여름 ★★★
　　　가을 ★★★ 겨울 ★★★
일정 1박 2일
교통 대중교통 ★
테마 별자리 관측, 명승지, 유적지

속초 미각 투어 p.99

계절 봄 ★★★ 여름 ★★★★
　　　가을 ★★★ 겨울 ★★
일정 당일~1박 2일
교통 대중교통 ★★
테마 바다, 맛집

속초 야간 여행 p.161

계절 봄 ★★ 여름 ★★★★
　　　가을 ★★ 겨울 ★
일정 무박 야간
교통 대중교통 ★★
테마 바다

충청도

온화한 양반의 고장 충청도. 수도권 전철이 천안, 아산까지 이어져 여행이 더욱 쉬워졌다. 바다와 온천, 갖가지 문화유적지가 가득한 충청도는 지형도, 기후도, 사람도 온화하다. 연인과 함께 멀지 않은 충청권으로의 따스한 여행을 떠나 보자.

천리포 수목원 p.261

계절 봄 ★★★★ 여름 ★★★★
　　　가을 ★★★★ 겨울 ★
일정 당일
교통 대중교통 ★
테마 수목원

피나클랜드 p.17

계절 봄 ★★★★ 여름 ★★
　　　가을 ★★★★ 겨울 ★
일정 당일
교통 대중교통 ★★
테마 테마 파크, 식물원

청풍권 p.133

계절 봄 ★★★★ 여름 ★★★★
　　　가을 ★★★★ 겨울 ★
일정 당일~1박 2일
교통 대중교통 ★
테마 드라이브, 레저 스포츠

보령 머드 축제 p.111

계절 봄 ★★ 여름 ★★★★
　　　가을 ★★ 겨울 ★
일정 당일
교통 대중교통 ★★★
테마 축제, 해수욕, 바다

경상북도

유교 문화의 중심지 경상북도. 안동, 경주, 문경을 중심으로 하는 경북의 관광권은 이젠 젊음의 바람이 심상치 않다. 특히 경주는 아름다운 벚꽃과 야경, 다양한 체험거리로 연인들의 낭만적인 여행지로 제격이다.

경주 달빛 여행 p.175

계절 봄 ★★★★ 여름 ★★★
　　　가을 ★★★★ 겨울 ★
일정 1박 2일
교통 대중교통 ★★
테마 유적지, 자전거 여행

울릉도 p.269

계절 봄 ★★ 여름 ★★★★
　　　가을 ★★★ 겨울 ★
일정 2박 3일
교통 대중교통 ★
테마 섬, 명승지

문경새재 p.57

계절 봄 ★★★ 여름 ★★★
　　　가을 ★★★★ 겨울 ★★★
일정 당일~1박 2일
교통 대중교통 ★
테마 명승지, 유적지, 산

경상남도

에메랄드 빛 다도해 경상남도. 거리가 멀어 자주 가지 못해도 다도해의 아름다운 해안선과 푸른 바다 위를 장식하는 다도해 섬들의 매력은 사이렌의 노랫소리 같다.

남해 독일인 마을 p.229

계절 봄 ★★★ 여름 ★★★★
　　　가을 ★★★ 겨울 ★
일정 1박 2일 이상
교통 대중교통 ★
테마 바다, 이색 마을, 럭셔리 리조트

통영의 다도해 p.243

계절 봄 ★★★ 여름 ★★★★
　　　가을 ★★★ 겨울 ★★
일정 1박 2일 이상
교통 대중교통 ★
테마 섬, 수산 시장

전라도

전라도의 산들은 여성적이면서도 화려하다. 이런 자연을 배경으로 명당을 차지하고 있는 고아한 사찰들. 너른 들과 풍요로운 산과 바다에서 나는 다양한 음식 재료로 맛깔스러운 음식 문화를 주도하는 전라도. 연인과 함께 전라도로 긴 여행을 떠나 보자.

진주 남강 기행 p.213

계절 봄 ★★★ 여름 ★★★
　　　가을 ★★★ 겨울 ★
일정 1박 2일
교통 대중교통 ★★
테마 유적지, 명승지, 수목원, 맛집

전주 한옥 마을 p.75

계절 봄 ★★★★ 여름 ★★
　　　가을 ★★★★ 겨울 ★
일정 당일~1박 2일
교통 대중교통 ★★
테마 유적지, 체험, 맛집

내소사 p.12

계절 봄 ★★★★ 여름 ★★
　　　가을 ★★★★ 겨울 ★
일정 당일
교통 대중교통 ★
테마 벚꽃, 고찰

보성 차 밭 p.265

계절 봄 ★★★★ 여름 ★★★
　　　가을 ★★★ 겨울 ★
일정 당일~1박 2일
교통 대중교통 ★
테마 차 밭, 체험

위도 p.272

계절 봄 ★★ 여름 ★★★★
　　　가을 ★★ 겨울 ★
일정 당일
교통 대중교통 ★
테마 섬, 드라이브, 해수욕

제주도

언제 가도 아름다운 섬 제주도는 한국인들만이 아닌 전 세계 사람에게 사랑받는 휴양지이다. 제주도에서 가장 볼 만한 것을 추천하라면 한라산을 꼽는다. 그리고 바다다. 이 두 가지를 모두 볼 수 있는 곳이 제주도 드라이브 코스다. 연인과 함께 차창을 열고 제주의 바람에 몸을 맡겨 보자.

내륙 드라이브 코스 p.329

계절	봄 ★★★★ 여름 ★★★
	가을 ★★★★ 겨울 ★★★
일정	1박 2일 이상
교통	렌터카
테마	섬, 드라이브

해안 드라이브 코스 p.313

계절	봄 ★★★★ 여름 ★★★★
	가을 ★★★ 겨울 ★★
일정	1박 2일 이상
교통	렌터카
테마	섬, 해안 드라이브

캠핑 p.339

계절	봄 ★★ 여름 ★★★★
	가을 ★★ 겨울 ★
일정	1박 2일
교통	렌터카
테마	섬, 캠핑

There's a land that I heard of once in
Somewhere over the rainbow, skies ar
And the dreams that you dare to dream re

Couple Date

Part.1 시작하는 연인들을 위한
당일 여행

연인들을 위한 테마 가든
아산 피나클랜드

온양, 도고, 아산 온천 등 수질 좋은 온천을 품고 있는 아산은 마치 수줍은 양반 댁 아가씨와 같이 그 품새가 매우 정갈하고 아담하다. 한국에서 가장 아름다운 성당으로 알려진, 영화 〈태극기 휘날리며〉의 촬영지 공세리 성당과 연인들을 위해 만들어진 듯한 로맨틱 테마 가든 피나클랜드, 비라도 오는 날이면 빼곡한 소나무 숲길 사이로 안개가 피어나 세월에 잊힌 연심을 불러일으키는 봉곡사 산책로와 사랑 온도를 측정해 볼 수 있는 도고 파라다이스, 6㎞의 돌담길이 마을을 두르고 있는 단아한 외암리 민속 마을 등 아산이 품은 명소들은 어느 한 곳 놓치기 아까운 곳이다. 서울에서 장항선 기차나 지하철로 한 시간 반이면 갈 수 있는 아산으로 사랑 온도를 측정하러 떠나보자.

최정상의 땅에 잘 꾸며진 테마 공원 피나클랜드

피나클랜드는 바람과 물, 빛이라는 주제로 동화 속 마을같이 꾸며진 테마 공원이다. '최정상의 땅'이라는 뜻으로, 외도를 만든 최호숙 씨의 큰딸 이상민 씨와 사위 박건상 씨가 10년의 세월을 기울여 만들어 낸 역작으로 미술을 전공한 이상민 씨의

INFORMATION ★★★★☆

아산 피나클랜드
위치 충남 아산시 영인면 월선리 346-2
문의 041-534-2580
시간 10:00~일몰
요금 어른 7,000원
홈페이지 www.pinnacleland.net

10년 애정이 곳곳에 배인 곳이다. 피나클랜드의 구석구석에는 해학적이면 서도 동화적인 다양한 조각과 청동 조형물이 아기자기한 이야기들을 만들어 내고 있다.

　　　약 200m에 이르는 메타세쿼이아 진입로를 지나면 정면으로 화사한 꽃과 하얀 대리석으로 꾸며진 서클 가든이 펼쳐지고, 우측으로는 레스토랑 피나클(Pinnacle)과 연못가로 자리한 하얀 파라솔이 돋보이는 아름다운 카페를 품은 걸피 라운지(Gulfy Lounge)가 있다. 걸피 라운지는 마치 연못에 떠 있는 듯한 하얀 그리스풍의 건물이다. 연못 곳곳에는 일본의 설치 작가 신구 스스무가 만든 바람개비 모양의 설치물들이 관람객들의 시선을 사로잡는다.

사진 촬영하기에 좋은 넓은 광장과 동물 농장

연못을 지나면 나오는 우측 언덕은 넓은 잔디 광장이다. 연인들이 정원 곳곳에 삼각대를 세우고 사진 촬영을 하기도 하고, 아이들이 마음껏 뒹굴기도 하는 이 아름다운 공간에는 실개천이 흐르고 다양한 동물 조각과 천진한 어린이 조형물이 조화롭게 있다.

잔디 광장을 지나면 유순하기로 유명한 하얗고 까만 산양들이 하얀 목책 안에서 사람들을 반가이 맞이하는 동물 농장이 나온다. 목책 바깥으로는 말린 해바라기 등을 놓아두어 관람객들이 직접 산양에게 먹이를 먹여 볼 수 있다. 이 작은 동물 농장을 뒤로 하고 산등성이를 오르면 화장실 옥상을 이용한 아름다운 워터 가든이 등장한다. 이곳은 산등성이에 있어 탁월한 조망을 자랑하며, 나무 난간 곳곳에 매달린 풍경에선 영롱한 자연의 소리가 울려 피나클랜드만의 자랑을 만들어 낸다.

01 피나클랜드의 진입로, 메타세쿼이아 길 02 사진 찍기 좋은 서클가든
03 진경산수 04 언덕 위에 자리한 태양의 인사 05 피나클랜드의 동화적
조형물

여름에 피나클랜드를 둘러보기에는 오전이나 오후 늦은 시간이 좋다. 피나클랜드는 햇빛을 피할 곳이 많지 않아 한여름 한낮의 데이트는 고생이 될 수 있다.

피나클랜드의 랜드마크, '태양의 인사'

워터 가든을 지나면 아산만 방조제 공사를 위해 30년 전 발파한 후 방치된 석산을 복구해 만들어 낸 진경산수가 펼쳐진다. 석산의 꼭대기에서 떨어져 내리는 인공 폭포와 이끼를 식재한 봉우리와 산정호수가 어우러져 아름다운 한 폭의 동양화를 만들어 내고 있다. 이곳까지 돌아보면 다리가 제법 무거워진다. 지친 다리를 이끌고 정원을 내려가다 보면 피나클랜드의 랜드마크로 불리는 '태양의 인사'와 만난다.

★ 맛집

피나클

피나클랜드의 걸피 라운지에는 피나클이라는 레스토랑이 있다. 주중은 카페, 주말과 공휴일은 레스토랑으로 운영된다.

문의 041-534-2580 | **대표 메뉴** 돈가스 10,000원

★ 교통

시내버스 타고 아산 피나클랜드로

온양온천역 광장을 등졌을 때 정면, 좌우로 도로가 나 있다. 광장 우측 건널목을 건너 2~3분 정도 정면 도로를 따라 걸어 올라가면 온양온천역 버스 정류장이 보인다.

아산시에서 가장 많은 버스가 지나가는 핵심 버스 정류장으로 이곳에서 600, 610, 560번을 타고 모원리에서 내리면 된다. 약 한 시간 소요된다.

시내버스에서 내려 지하도를 이용해 도로 반대편으로 나온 후 왼편으로 2~3분만 걸으면 메타세쿼이아 길이 보인다. 피나클랜드 표지판이 잘 보이지 않으므로, 버스를 탄 후 버스 기사에게 피나클랜드에서 내려달라고 미리 말해 두는 것이 좋다. 지방 버스는 내리거나 타는 손님이 없으면 정류장을 그냥 지나치는 경우가 많다.

고속버스를 이용해 아산으로 오는 여행객이라면 고속버스 터미널 앞이 아닌 시외버스 터미널 길 건너에 있는 버스 정류장에서 600번이나 610, 560번을 이용해야 한다. 고속버스 터미널과 시외버스 터미널은 근접해 있다.

INFORMATION ★ ★ ★ ★ ☆

공세리 성당
위치 충청남도 아산군 인주면 공세리 194
문의 041-533-8181
시간 24시간
요금 없음
홈페이지 http://gongseri.yesumam.org

야간에는 4개의 서치라이트가 색다른 분위기를 연출하는 피나클랜드의 랜드마크를 놓치지 말자.

한국에서 가장 아름다운 성당 '공세리 성당'

영화 〈태극기 휘날리며〉와 〈약속〉에 나왔던 아름다운 성당을 기억하는 사람이 많을 것이다. 그 아름다운 성당이 공세리 성당이다. 공세리는 조선 시대 충청도 일대의 공세미(세금으로 내는 쌀)를 모아 보내던 나루터였으며, 지금 공세리 성당 자리는 공세미를 쌓아 두던 창고가 있던 곳이다. 그 창고를 허물고 프랑스인 신부 에밀 드비즈가 1895년에 성당을 건축했다.

아름다운 고딕 양식의 성당 옆에는, 병인박해가 일어난 이듬해인 1867년에 체포되어 수원에서 순교한 공세리 성당 출신의 박의서, 박원서, 박익서 세 순교자의 묘가 있다. 묘 옆에는 미사를 드릴 수 있는 제단이 꾸며져 있어, 천주교 순례 여행객

들의 필수 코스가 되고 있다. 공세리 성당과 순교자의 묘 사이에는 절로 경건함을 불러일으키는 하얀 성모상이 붉은 벽돌의 공세리 성당과 어우러져 그림처럼 서 있다. 이 주위를 300년 이상 된 일곱 그루의 보호수가 둘러싸고 있으며, 봄에는 영산홍, 여름에는 상사화, 가을에는 단풍, 겨울에는 하얀 눈꽃이 아름답게 피어난다. 이 특별한 아름다움을 간직한 공세리 성당은 영화 〈태극기 휘날리며〉, 〈약속〉, 〈고스트 맘마〉 이외에도 드라마 〈불새〉, 〈모래시계〉, 〈고스트 맘마〉, 가수 GOD 뮤직비디오 등의 촬영 배경지가 되었다.

〈클래식〉과 〈취화선〉의 촬영지, 외암리 민속 마을

예로부터 양반의 고장으로 유명한 충청도에서도 외암리 민속 마을은 반촌으로 유명했다. 임금님에게 진상했던 연엽주가 만들어지고, 아직도 89가구가 남아 500여 년의 역사를 지키는 살아 있는 민속 마을이다. 현재도 마을 구성원의 반 이상이 예안 이씨일 정도로 예안 이씨 집성촌인 이곳은 아산과 천안 일대에서 가장 높은 광덕산에서 흘러내리는 강당골 계곡이 인근에 있다. 설화산에서 내려오는 맑고 푸른 물줄기가 마을을 휘돌고, 넓은 들판과 낮지만 정감 있는 설화산이 마을 뒤를 든든히 받치고 있는 이곳은 전형적인 배산임수의 명당이다.

INFORMATION ★ ★ ★ ☆

외암리 민속 마을

위치 충남 아산시 송악면 외암리
문의 041-544-8290
시간 09:00~17:30
요금 어른 2,000, 어린이 1,000원, 단체 어린이 · 청소년
· 군인 800원, 단체 어른 1,600원
주차비는 소형차 기준 1,000원(민박 이용객은 입장료,
주차료 무료)
홈페이지 oeammaul.co.kr

외암리 민속 마을의 가을은 밀레의 그림보다 풍요롭다. 노란 들판을 배경으로 회색빛 기와집과 차분한 갈색의 초가집 그리고 설화산 계곡에서 흘러내리는 짙푸른 물길이 어우러져 이보다 더 아름다울 수 없다. 시간을 거슬러 올라간 듯한 이 아름다운 마을에서 가장 큰 아름다움을 꼽으라면, 6km에 이르는 끊임없이 마을을 휘돌아 둘린 돌담을 들 수 있다. 가끔 조용한 시간을 가지고 싶을 때면 찾게 되는 이곳의 정취는 마을의 작은 방을 빌려 숙박한 후 이른 아침 아무도 없는 시간에 눈 쌓인 돌담길을 걸을 때 최고조로 느낄 수 있다. 그때 둘이 함께라면 더할 나위 없을 듯하다. 사실 솟을대문 높다란 반가들은 들어갈 수가 없다. 하지만 돌담길은 객들에게 한없이 자애로운 공간이다.

외암리 마을에서 가장 유명한 건축물로는 참판 댁, 건재고택(영암 댁), 감찰댁, 교수 댁, 참봉 댁, 종손 댁, 송화 댁, 신창 댁 등이 있다. 특히 참판 댁은 조선 시대 이조참판을 지낸 퇴호 이정렬이 고종으로부터 하사받아 지은 집으로 국가 지정 민속자료 제195호로 아직도 그 후손이 살고 있다. 이 댁에서 만들어진 연엽주는 극심한 가뭄 외암리 민속 마을은 여름 피서지로도 좋다. 마을에서 차로 10여 분만 올라가면 만날 수 있는 강당골 계곡에서 피서를 즐기고, 외암리 민속 마을에서 숙박하면 편하다. 강당골 계곡은 천안과 아산 일대에서는 가장 유명한 계곡으로 물길이 깊지는 않지만 짙은 그늘과 맑은 물로 피서지로 주목받고 있다.

에 백성의 곤궁을 걱정한 임금이 술과 떡 같은 음식을 멀리하자 참판 댁에서 몸에 좋은 재료로 술을 빚어 진상한 것에서 유래되었다. 현재까지 큰며느리들에게 제조 방법이 전승되며 충청남도 무형 문화재 제11호로 지정되어 있다. 참판 댁(문의 041-543-3967) 에서 직접 구매할 수 있다.

추천 이곳은?

★ 맛집

신창댁
신창댁은 모든 음식 재료를 직접 기른 곡식과 채소로 마련하는 안주인의 손맛을 제대로 느낄 수 있는 곳이다. 특히 청국장은 외암리 마을에 가면 꼭 맛봐야 할 메뉴이다. 민박도 겸한다.

문의 041-543-3928 | **대표 메뉴** 청국장 4,000원

외암촌
마을의 또 다른 맛집으로는 마을 입구 주차장 옆의 외암촌이 있다. SBS 〈맛 대 맛〉에 방송된 적이 있는 이 식당은 잔치국수와 쌀동동주가 유명하다.

문의 041-543-4150 | **대표 메뉴** 잔치국수 5,000원, 쌀동동주 7,000원

외암촌 女
외암촌 옆에는 민속 마을과 어울리지 않는 세련된 분위기의 커피숍이 있다. 외암촌 주인의 딸이 운영해서 붙여진 듯한 외암촌 女란 재미있는 이름을 가진 이 카페는 젊은 사람의 눈길을 사로잡는 아기자기한 소품들로 꾸며져 있어, 커플 여행객들에게 추천할 만하다.

문의 041-543-4150 | **커피** 5,000원

★ 숙박

외암리 민속 마을의 민박 요금은 다른 곳과는 비교할 수 없을 정도로 저렴하다. 단, 미리 예약해야 한다.

문의 041-541-0848 | **요금** 5인 이하 60,000원, 10인 이하 120,000원

★ 교통

시내버스 타고 공세리 성당으로
아산 시외버스 터미널 길 건너편 버스 정류장에서 610번 시내버스 승차(소요 시간 약 60분)해서 공세리 마을로 진입한 후 세 번째 정류장에서 하차한다. 공세리 성당 바로 앞에서 버스가 정차한다.
돌아올 때는 내린 정류장 맞은편 버스 정류장을 이용한다. 610번 버스가 자주 오지 않으니 운전기사에게 다음 버스 시간을 문의한 후 하차한다.
온양온천역 버스 정류장에서 오는 방법은 피나클랜드 대중교통 안내와 동일하다. 단 610번 시내버스만 공세리 성당 앞에서 정차한다.

시내버스 타고 외암리 민속 마을로
온양온천역 광장을 등졌을 때 왼쪽으로 직진해 2~3분만 가면 버스 정류장이 나온다. 그 버스 정류장에서 강당골 가는 120번 버스를 타면 종점인 강당골 바로 전 정류장이 외암리 민속 마을 입구다.

소요 시간 약 4~50분 / 일 8회 운행

강당골행 버스는 자주 오지 않으므로 송악을 경유하는 송악행(111번), 강장리행(130번), 유구행(100번) 버스를 타고(소요 시간 약 50분) 송학면 소재지에서 내려 5분쯤 걸어가는 것이 빠를 수도 있다.

서울에서 직접 외암리 민속 마을로 갈 때
서울 남부 터미널에서 천안 경유 유구행 시외버스를 타고 송악 외암리 민속 마을 입구에서 내리는 것이 편하다.

배차 시간 07:20~17:40 일 10회 | **소요 시간** 약 2시간 | **요금** 어른 6,000원, 중고생 4,800원

★ 도시 간 이동

아산은 2008년 말 수도권 전철 연장 개통으로 수도권 전철, 일반 기차, KTX, 고속버스 등 모든 교통수단으로 접근이 가능한 도시가 되었다. 서울과의 거리는 기차나 버스로 약 한 시간 반. KTX 천안아산역은 도심과 거리가 있기에 KTX를 이용하기보다는 수도권 전철이나 고속버스를 이용하는 것이 시내버스와의 연계를 생각했을 때 좋다.

수도권 전철 소요 시간 약 2시간 4분(서울역 출발 기준) | **배차 간격** 20~40분

철도 소요 시간 KTX 33분, 누리로호 1시간 30분 소요

고속버스 소요 시간 서울 고속버스 터미널 → 아산 고속버스 터미널(1시간 30분 소요)

문의 온양온천역 관광 안내소 041-540-2517, 온양시외버스 터미널 041-542-6848, 온양온천역 041-545-7788

★ 추천 코스

아산 당일 여행 추천 코스 1

대중교통으로 이동할 때는 일정을 너무 빡빡하게 짜지 않는 것이 요령이다. 여유 있는 여행을 즐기고 싶다면 도시 간 이동 시간을 고려해서 공세리 성당과 피나클랜드만 보는 것이 좋다.

공세리 성당 → 피나클랜드 산책 → 피나클랜드에서 식사 후 이동

아산 당일 여행 추천 코스 2

거주지가 아산과 가까운 여행객이라면 아래의 일정이 알차다. 하지만 아산까지 거리가 두 시간 이상이라면 추천코스 1을 선택하는 것이 좋다.

외암리 민속 마을 → 신창댁에서 청국장 점심 → 외암촌 女 카페에서 커피 한 잔 → 공세리 성당 → 피나클랜드 → 레스토랑 피나클에서 저녁 식사 후 와인 한잔

노란 폭죽이 터지듯 화려한 자태의 아산 이충무공 묘 은행나무 길

아산 이충무공 묘 은행나무 길은 연인과 한적한 가을 데이트를 즐기기 좋은 곳이다. 사실 이곳보다 2000년 국토 해양부가 선정한 걷고 싶은 도로로 선정된 아산 곡교천 변 은행나무 길이 더 유명하다. 하지만 너무 알려져서 가을이 되면 도로가 꽉 막힐 정도로 많은 사람이 찾아와 둘만의 한적하고 로맨틱한 데이트를 즐기기 어렵다.

아름답고 고즈넉한 분위기에서 연인과 조용하고 그윽한 데이트를 즐기길 원한다면 사람들이 잘 모르는 아산 이충무공 묘로 발길을 돌려 보자. 찾는 이가 별로 없는 곳이어서 이충무공 묘까지의 진입로를 가득 메운 노랑 은행나무들의 행진을 오붓이 감상할 수 있다. 켜켜이 쌓인 노란 은행나무 잎 위를 밟을 때 들려오는 바스락거리는 소리가 가을의 정취를 가득 품은 사랑의 배경 음악이 될 것이다.

⊙ 상세 정보
위치: 충남 아산시 음봉면 삼거리 산2-1 / 관광 안내 전화: 041-1330

파라다이스 스파 도고에서 사랑 온도를 측정하자!

　파라다이스 스파 도고는 2008년 7월 오픈한 파라다이스 호텔에서 운영하는 곳이다. 중국 화칭 온천, 일본 벳푸 온천, 인도 라자그라하 온천과 함께 '동양 4대 유황 온천'으로 꼽히는 최고급 유황 온천이자 다양한 물놀이 시설을 갖춘 고급 스파 리조트다. 온천의 도시 아산에서도 단연 최고라고 자부하는 35℃의 약알칼리성 유황 온천수를 이용한 히노키(편백 나무), 11종의 꽃 탕(국화·장미·후리지아 등), 바데풀 등 고급 스파 시설과 물놀이 시설을 갖춰 연인들이 즐기기에 좋다.

　젊은 연인들 사이에 인기를 끌고 있는 마사지 데이트도 즐길 수 있다. 파라다이스 도고 스파의 ADELA 테라피실은 둘만이 마사지 데이트를 즐길 수 있도록 마사지실이 투 베드로만 되어 있어 편안하고 아늑하다. 스파와 마사지를 함께하는 럭셔리 데이트 코스를 즐기고 싶다면 스파 도고로 가 보자.

⊙ **상세 정보**
파라다이스 도고 스파 안내 전화: 041-537-7100, 041-537-7170(테라피 마사지)

연인과 함께하는 예술 여행
헤이리 예술 마을

임진각과 임진강으로 상징화된 안보 관광지 파주가 예술과 문화, 낭만의 고장으로 탈바꿈하고 있다. 2003년부터 그 모습을 드러내기 시작한 예술인들의 마을 헤이리 예술 마을이 파주 여행의 중심으로 떠오르고, 여기에 조금은 낯간지러울 정도로 달콤한 분위기의 프로방스 마을과 유럽의 한 마을을 그대로 옮겨 놓은 듯한 영어 마을까지 가세하면서 파주는 연인들의 데이트 코스로 인기를 얻고 있다.

갈대 늪을 둘러싼 창조의 공간, 헤이리 예술 마을

경기 파주 지역에 전해 오는 전래 농요 '헤이리 소리'에서 이름을 따온 헤이리 예술 마을에서 가장 먼저 눈에 띄는 것은 15만 평의 창작 공간의 중심에 자리 잡은 갈대 늪이다. 갈대 늪은 주변을 둘러싼 창조적이고 예술적인 창작 공간들 탓에 자칫 지나치기 쉬운 곳이지만 저명한 예술가들이 건축한, 다섯 개의 독특한 디자인의 다리들과 갈대 광장 바닥에 꼭꼭 숨은 안규철의 '지울 수 없는 60개의 단어', 임옥상의 모빌 작품 '평화-바람은 소리다', 이종구의 '대화하는 의자' 등 곳곳에 놓치기 아까운 예술 작품들이 숨겨져 있다.

01

02

03

04

05

이 갈대 늪 주위로 방사형으로 뻗은 길을 따라 회원들의 집과 작업실, 갤러리, 미술관, 박물관 등의 공간들이 단순하면서도 예술적인 선의 미를 보여 주며, 자유분방한 듯하면서 나름의 규칙성을 가지고 서 있다.

길눈이 차를 타고 마을 한바퀴

헤이리 예술 마을은 370여 명의 문화 예술인들이 바닥재부터 가로등 하나까지 계획하고 디자인해서 만든 공간으로 모든 것이 자연 친화적이다. 모든 길에는 아스팔트를 깔지 않고, 건물은 3층을 넘기면 안 되며, 담이 있어서도 안 된다. 이렇듯 15만 평의 헤이리 예술 마을은 그 자체가 하나의 건축 예술품이다. 하지만 이곳은 초보 여행객에겐 좀 벅차다. 차를 끌고 왔다면 한 바퀴 휘 돌아보고 사람들이 와글거리는 곳에서 잠시 발 도장을 찍고 나오거나, 차가 없다면 15만 평이라는 넓은 공간에서 어쩔 줄 몰라 하다 중심지인 갈대 늪 근처만 오락가락하다 돌아오기 쉽다.

INFORMATION ★ ★ ★ ★ ☆

헤이리 예술 마을
위치 경기도 파주시 탄현면 법흥리 1652번지
문의 070-7704-1665
시간 10:00-18:00(각 창작 예술 공간별 영업 시간은 모두 다름)
요금 마을 입장료는 없음(단, 체험 등을 할 때는 예매해야 함)
홈페이지 www.heyri.net

이런 아쉬움에 대한 대안이 헤이리 순환 전동차인 '길눈이 차(문의 010-7119-5572)'다. 헤이리 예술 마을에 대한 전문 지식으로 단단히 무장한 안내원이 운전하는 길눈이 차(1인당 8,000원)는 약 한 시간 동안 헤이리 예술 마을을 돌며 숨겨진 명소들을 소개하고 '멋있구나'만 외치던 건물이 누구의 작업 공간이며, 어떤 예술적 의미를 담고 있는지를 시원스럽게 알려 준다.

　　　　만약 길눈이 차를 타지 않았다면 꼭꼭 숨겨진 이종빈의 '무거운 스케치북'을 보지도 못했을 것이며, 어떤 건물이 건축 대상을 받은 것이며, 숨겨진 맛집이 어디인지도 알지 못했을 것이다. 심지어 최신 전시회 소식과 몇몇 전시장은 안내원과 함께 무료로 둘러보기까지 하니, 만족스럽지 않을 수 없다. 이렇듯 길눈이 차를 타고 헤이리를 한 바퀴 둘러본 후 관심 있는 전시관이나 박물관 한두 곳을 집중해서 관람한다면 반나절은 금방이다.

　　　　헤이리 예술 마을 안에는 예술적인 인테리어가 돋보이는 개성 강한 카페와 레스토랑이 많아, 관람 사이사이 카페 데이트를 즐기기도 좋다. 우아한 레스토랑에서 연인과 달콤한 식사나 음악이 흐르는 아담한 정원이 있는 카페에서 커피 한잔의 여유를 즐긴다면 휴식 같은 데이트가 될 것이다.

꼭 보고가야할 헤이리 예술 마을의 명소

헤이리 예술 마을의 명소로는 국내 최초로 개관한 악기 전문 박물관으로 70여 개국 450여 점의 세계 민속 악기를 전시한 세계 민속 악기 박물관과 1층 양식 레스토랑 '포레스타'와 2층의 책방, 3층은 옥상 카페인 '윌리엄 모리스'로 구성된 책방 중심의 복합 문화 공간인 북하우스가 대표적이다.

또한, 2009년 리노베이션을 마치고 더욱 알찬 문화 공간으로 재탄생한 1,000여 점의 인물 관련 미술품을 전시한 인물 미술관 93뮤지엄과, 헤이리 예술 마을에서 가장 뛰어난 전망을 자랑하는 한국 근대 옹기와 현대 도예에 관한 전시관인 한향림 갤러리, 영화 자료 박물관 씨네 펠리스와 3천여 권의 책으로 둘러싸여 그윽한 커피의 향에 취할 수 있는 북카페 반디, 1만여 장의 LP판으로 아날로그 음악의 깊이 있는 세계를 경험해 볼 수 있는 황인용 씨의 카페 카메라타, 연인들을 위한 갤러리로 불리며 고급 수제 초콜릿을 전시하고 초콜릿 만들기 강좌를 하는 2층 갤러리와 고품격 수제 초콜릿과 케이크 및 정통 카카오 음료를 즐길 수 있는 1층 카페를 갖춘 더 초콜릿 디자인 갤러리, 국내 유일의 정치 우표 박물관인 아고라 등이 있다.

카메라타는 입장료만 내면 무한 리필되는 음료와 머핀을 제공하며, 매월 1회

INFORMATION ★★★★☆

파주 영어 마을
위치 경기도 파주시 탄현면 법흥리 1779
문의 1588-0554
시간 화~일요일 09:30~18:00/ 월요일 휴무
요금 입장권 3,000원/ 입장+공연 7,000원
　　　 파주 지역 주민 20% 할인, 국가유공자·장애인 50% 할인
홈페이지 english-village.gg.go.kr

클래식 음악회를 개최한다. 한향림 갤러리의 부속 카페 리모즈(문의 031-948-1001)의 야외 공간은 전망이 아름다워 데이트 장소로도 좋다.

〈꽃보다 남자〉의 촬영 배경지, 파주 영어 마을

　　　파주 영어 마을은 헤이리 예술 마을 9번 게이트 길 건너에 있다. 2009년 많은 사랑을 받았던 드라마 〈꽃보다 남자〉의 촬영 배경지 중 하나로 유럽의 소도시를 그대로 옮겨 놓은 듯한 이국적인 모습을 하고 있다. 시간이 된다면 연계 관광을 하는 것도 좋다. 하지만 영어 마을의 음식점 수준은 헤이리보다 좋지 않으므로 식사는 헤이리에서 하는 것이 좋다.

아기자기한 동화속 마을 '프로방스'

프로방스 마을은 1996년 프랑스 레스토랑으로 시작한 테마 마을이다. 퓨전 한정식 식당인 샤부샤부와 한정식과 도자기 숍, 플라워 숍, 허브 숍, 잡화 숍, 패브릭 숍, 가구 숍 등으로 구성된 생활 디자인 공간인 리빙관, 다양한 허브 관련 물품을 전시 판매하는 허브관, 아기자기한 액세서리와 의류 등을 위한 공간인 패션관, 매일 아침 따끈한 빵을 만들어 내는 베이커리와 에스프레소가 맛있기로 정평이 나 있는 카페 등으로 구성되어 있다. 컬러 코디네이터를 따로 두고 마을을 꾸밀 정도로 아름다운 색감을 자랑하는 프로방스 마을은 파스텔 컬러의 동화적인 마을로, 곳곳에 말린 꽃과 장식물들로 아기자기하게 꾸며 놓은 포토 포인트를 갖추고 있다. 외식과 쇼핑, 사진 찍기에 좋은 장소로 연인들과 가족들의 사랑을 담뿍 받는 곳이다.

INFORMATION ★★★★☆

프로방스
위치 경기도 파주시 탄현면 성동리 82-1
문의 1644-8088
시간 10:00~17:00
홈페이지 www.provence.co.kr

★ 맛집

크레타

헤이리에서 가장 오래되고, 대중적인 레스토랑으로 커뮤니티 하우스 근처에 있다. 수제 돈가스가 유명하다.

문의 031-948-6001 | **대표 메뉴** 돈가스 정식 10,000원

포레스타

북하우스(**문의** 031-949-9305) 1층에 있다. 파스타 가격이 2만~3만 원대일 정도로 가격이 만만치 않지만 고아한 분위기와 특급 호텔 수준의 음식 맛으로 예약 없이는 이용하기 어려운 곳이다.

문의 031-949-9303 | **시간** 10:30~21:30

도도헌 엘 빠띠 오

헤이리가 아니면 먹어 보기 어려운 음식을 파는 곳이다. 15년을 남미에서 생활한 주인 부부가 만들어 내는 남미식 정식을 맛볼 수 있다.

문의 031-942-0918 | **대표 메뉴** 엠빠나다 만두 정식 13,000원

인 스퀘어(In Square)

작은 정원이 아름다웠던 라임 트리는 맛있는 샌드위치로 유명했다. 지금은 인스퀘어로 이름을 바꾸고 인테리어를 고급스럽게 바꾼 후 2층을 전시관으로 꾸며 운영하고 있다.

인스퀘어는 브런치를 즐기기 좋은 카페로 맛있는 수제 샌드위치와 커피가 인기 메뉴이다.

문의 031-957-0896 | **대표 메뉴** 샌드위치 8,000원부터

아티누스 파머스 테이블

최근 헤이리에서 떠오르는 맛집으로 이탈리아 레스토랑이다. 아름다운 숲 속을 레스토랑 안으로 들여온 듯한 친환경적인 인테리어로 많은 연인에게 사랑받는 레스토랑이다. 고급스러운 분위기로 드라마 〈신사의 품격〉과 〈꽃보다 남자〉의 촬영지였다. 기본에 충실한 피자가 맛있다.

위치 4번 게이트 부근 | **문의** 031-948-6225 | **시간** 11:30~21:30, 월요일 휴무 | **대표 메뉴** 루콜라 피자 21,000원 | 주차 가능

★ 교통

헤이리 예술 마을

서울에서 헤이리 예술 마을로 오는 좌석 버스는 서울 지하철 3호선 대화역과 2호선 합정역에서 탈 수 있다. 이 중 합정역이 시발 정류장이므로 앉아서 가고 싶다면 합정역 2번 출구 앞에 있는 버스 정류장에서 200번이나 2200번을 이용하는 것이 좋다.

만약 배차 시간만 맞는다면 2200번을 타는 것이 좋다. 200번 버스로 합정역에서 헤이리 예술 마을까지는 약 1시간 20분이 걸리지만 2200번 버스로는 40분이면 족하다.

문의 신성 교통 031-949-6040

프로방스 마을

헤이리 예술 마을의 대중교통과 마찬가지로 200번, 2200번 버스를 서울 지하철 2호선 합정역이나 3호선 대화역에서 탑승한 후 성동 사거리에서 내린다.

하차 후 오리고기 식당으로 유명한 가나안 덕이 있는 방향으로 길을 건너서, 가나안 덕과 산타로사 레스토랑 사이의 언덕길로 올라가면 된다. 도보로 약 15분 소요.

언덕길이고 도보 길이 잘 조성된 것이 아니므로 택시를 이용하는 것도 좋다.

단, 돌아올 때는 택시 잡기가 어려우니 타고 갔던 택시의 명함을 받아서 타고 나오거나 돌아 나올 때는 내리막길이니 산책 겸 걸어 나와도 무난하다. 택시 요금은 기본요금 거리이나 택시를 콜할 경우 추가 요금을 천 원 정도 더 내야 한다.

★ Travel Tip

❶ 헤이리 예술 마을을 여행할 사람이라면 사전에 헤이리 홈페이지에서 공연과 전시, 다양한 행사와 이벤트, 체험 프로그램 등을 꼼꼼히 체크하는 것이 좋다. 상설 전시뿐만 아니라 수준 높은 행사나 전시회를 자주 개최하므로 홈페이지를 체크한 후 어떤 전시나 공연을 관람할 것인지 꼼꼼히 계획을 세우는 것이 좋다.

❷ 헤이리 예술 마을의 많은 갤러리나 전시관 중에는 무료로 개방하는 곳이 꽤 있다. 데이트 자금에 여유가 없다면 사전에 홈페이지의 정보를 꼼꼼히 모아 무료 전시관만 둘러본다 해도 알찬 여행이 될 것이다.

❸ 헤이리 예술 마을에서는 공식 매표소 및 종합 안내소를 운영하고 있다. 헤이리 1번 게이트 인근에 위치.

문의 070-7704-1665 | 시간 10:00~18:00, 월요일 휴무 | 홈페이지 www.heyri.net

★ 추천 코스

서울에서 간다면 합정역에서 2200번 좌석버스를 타고 프로방스 마을에 먼저 들른 후 헤이리 예술 마을을 둘러보는 것이 좋다. 시간이 남는다면 영어 마을까지 연계해도 좋지만 프로방스와 헤이리 예술 마을만 둘러보아도 하루가 모자랄 것이다.

식사는 프로방스와 헤이리 모두 좋은 편이지만 분위기나 선택의 폭을 생각한다면 헤이리에서 하는 것이 좋다.

프로방스 → 헤이리 예술 마을(식사) → 영어 마을

헤이리 예술 마을에서의 특별한 하룻밤

　헤이리의 밤은 로맨틱하다. 많은 예술 공간이 다채로운 조명으로 치장하고 화사하게 변신을 하기 때문이다. 이에 시간적, 경제적 여유가 있다면 헤이리의 예술성 높은 게스트 하우스에서 하룻밤을 보내는 것도 좋다. 특히 주말이면 꽤 많은 카페와 레스토랑이 밤늦게까지 영업을 하기에 카페나 레스토랑에서 연인들만의 다정한 수다를 즐길 수 있다. 연인과 함께 헤이리의 야경을 충분히 즐긴 후 전국 어디에서도 체험해 볼 수 없는 예술성 높은 건축물 안에서 달콤한 꿈을 꾸어 보자.

　헤이리 예술 마을에서의 하룻밤이라는 특별한 사치를 누릴 수 있는 공간으로는 2007년 한국 건축 대상에서 우수상을 받은 마당안 숲과 7천여 권의 책이 소장된 library 0이라는 특별한 서재를 갖춘 모티프 1이 인기 있다.

* 마당안숲_ 문의 031-8071-0127/ 요금 2인 1실 기준 평일 17~22만 원/ 홈페이지 www.forestgarden.kr
* 모티프 1_ 문의 010-3228-7142/ 요금 2인 1실 12~14만 원/ 홈페이지 www.motif1.co.kr

헤이리 마을의 야경

온몸으로 즐기는 헤이리 예술 마을에서의 하루

포천 허브 아일랜드

수목원은 봄의 화사함을 가장 잘 느낄 수 있는 곳이다. 하지만 포천에는 수목원보다 더욱 화사한 봄을 만끽할 수 있는 허브 마을이 있다. 봄의 향기가 포천 신북면 삼정리 약 4만 평의 산지에 가득 퍼지면 봄소식에 마음 설렌 허브들이 일제히 꽃망울을 터뜨린다. 2006년 12월 서울 지하철 1호선이 소요산역까지 연장 개통하면서 찾아가기가 훨씬 수월해진 포천 허브 아일랜드. 연인의 손을 잡고 가벼운 마음으로 봄 소풍을 즐기기에 적격인 곳이다. 소요산역 앞 도로 건너편 시골 버스 정류장에서 도란거리며 연인과의 수다에 심취해 있다 보면 어느새 한 시간에 한 대뿐인 허브 아일랜드행 시내버스가 달려온다. 한적한 시골 버스에 앉아 바라보는 차창 밖의 깨끗한 계곡과 숲은 이 여행의 매력적인 보너스다.

유럽풍의 동화 속 마을

2,000여 종의 허브로 꾸며진 포천 허브 아일랜드는 유럽풍의 동화 속 마을 같다. 하얀 목조 건물로 로맨틱하게 지어진 허브 마을은 허브 꽃 가게, 허브 하늘 정원, 허브 레스토랑, 허브 갈비, 허브 베이커리, 허브 카페, 향기 가게, 선물 가게, 공연장,

미니 동물원 등 다양한 유럽풍의 목조 건물들이 허브 정원과 어우러져 4만여 평의 부지 위에 조화를 이루고 있다. 허브 아일랜드 매표소를 지나 계단을 오르면 왼편으로 허브 성, 오른편으로 향기 가게가 있다. 허브 아일랜드를 가장 알차게 돌아보는 코스는 허브성을 시작으로 이니스프리 정원, 엘더블 가든, 동물 농장, 허브 식물원, 하늘 가게, 하늘 정원, 허브 카페, 허브 베이커리, 꽃 가게, 허브 레스토랑, 선물 가게, 향기 가게 등의 순서로, 허브 아일랜드의 왼편에서 오른편으로 타원형을 그리며 도는 것이다.

　　　허브 아일랜드 관람의 첫 시작인 허브 성에는 다양한 허브 미용용품과 방향제, 초 등을 직접 만들어 볼 수 있는 허브 만들기 체험장과 예쁜 사진을 찍을 수 있는 포토 포인트, 허브 사탕과 허브 티백, 허브 쌈장 등을 판매하는 가게가 있다. 연인끼리 작은 허브 선물을 손수 만들어 볼 수 있는 체험장은 개인이라면 주말 예약 없이 이용할 수 있다.

INFORMATION ★ ★ ★ ☆

위치 경기도 포천시 신북면 삼정리 517-2
문의 1644-1997
시간 10:00~22:00, 연중무휴
요금 일반 6,000원
홈페이지 www.herbisland.co.k

허브를 볼 수 있는 마을

허브 아일랜드의 본격적인 볼거리는 허브성 위쪽에 있는 엘더블 가든과 인공 폭포, 이니스프리 정원이다. 엘더블 가든은 허브 아일랜드의 중심에 있다. 정원을 둘러싼 벽 위로 허브에 관한 역사를 그려 넣은 벽화가 그려져 있고 약용과 식용 허브들이 작은 산책길을 끼고 가득 피어 있다. 엘더블 가든 건너에 있는 이니스프리 정원은 연인들이 사진 찍기에 좋은 벤치와 허브 조성물이 곳곳에 마련되어 있어 커플 여행객들에게 특히 인기가 좋다.

엘더블 가든 위쪽에 있는 허브 식물원은 발밑으로 타임을 밟으며 입장할 수 있는 곳으로 '허브를 볼 수 있는 마을'이란 예쁜 별칭을 가졌다. 나무와 유리로 만들어진 실내 허브 정원인 허브 식물원에선 허브를 직접 만져 보고, 향기를 맡을 수 있으며, 직접 눈으로 보고 고른 예쁜 허브 화분을 살 수도 있다.

01 이니스프리 가든 02 허브 정원 엘더블 가든 03 허브 카페 04 허브에 관한 옛 이야기 벽화

허브 식물원을 뒤로하고 언덕을 오르면 미니 동물원에 꽃사슴들이 어여쁘게 자리하고 있고, 허브 아일랜드의 가장 높은 곳에 있는 하늘 가게와 스카이 가든이 나온다. 하늘 가게에는 다양한 주제를 가진 아기자기한 사진 촬영 장소가 잘 만들어져 있어서 동화 속 주인공처럼 사진을 찍을 수 있다.

그 옆으로는 허브 아일랜드의 전경을 한눈에 조망할 수 있는 하늘 정원이 있다. 하늘 정원에서 공연장을 지나면 허브 카페가 나온다. 허브 아일랜드 관람의 1/2 능선을 지났기에 조금은 피곤한 다리와 목마름을 해결하기에 좋은 곳이다. 높은 곳에 있는 카페의 위치상 시원한 조망과 아기자기한 인테리어가 인상적인 곳으로 허브 아일랜드가 아니면 맛보기 어려운 향긋한 맛이 일품인 허브 피자와 허브 커피, 허브티 등을 맛볼 수 있다. 허브와 각종 넝쿨 식물로 아름답게 장식된 카페에서 시원한 허브티 한잔과 함께 달콤한 휴식을 취한 후 허브 아일랜드의 명물 중 하나인 허브 베이커리로 가 보자.

허브 베이커리의 모든 빵에는 허브가 첨가되어 독특한 향취가 가득하다. 특히 가게 앞에서 판매하는 무료 시식이 가능한 마늘 스틱(1봉지 3,000원)은 허브 베이

커리의 별미로 관람객들의 사랑을 듬뿍 받고 있다.

　　　허브 베이커리의 아래에는 바라보는 것만으로도 행복해지는 올망졸망한 허브 화분들이 가득한 꽃 가게와 다양한 허브 관련 물품이 가득한 선물 가게가 위치하고 있어서 쇼핑의 재미를 가득 느낄 수 있다. 선물 가게 옆으로는 허브 아일랜드에서 가장 인기 있는 맛집인 허브 레스토랑이 있다. 이곳의 대표 메뉴는 식용 허브 꽃으로 데코레이션한 허브 비빔밥으로, 먹기 아까울 정도로 예뻐서 허브 레스토랑에는 카메라 셔터를 눌러대는 사람들로 북적인다. 날씨가 좋은 날이면 야외 테라스에서 낭만적인 식사를 즐길 수도 있다.

허브 아일랜드의 마침표

허브 아일랜드의 마침표는 향기 가게에서 찍으면 맞춤이다. 향기 가게에 입장하면, 상냥한 직원이 싱그러운 미소를 지으며 페퍼민트 에센셜 오일을 뒷목에 발라 준다. 오일을 바르는 순간부터 목덜미를 타고 뻗어 나가는 그 청량한 기운은 말로 표현할 수 없이 좋다. 무료 허브티도 제공하니, 놓치지 말자.

향기 가게 안에는 다양한 허브 공예품과 허브 차, 허브 오일, 보디 용품 등이 가득하다. 아기자기한 모양과 청량하고 달콤한 향기가 오감을 즐겁게 한다. 향기 가게의 최저 층으로 내려가면 아로마 테라피실이 있다. 이곳에서는 허브 찜질 팩 체험을 무료로 할 수 있다. 아홉 가지 천연 허브가 들어간 따끈한 어깨 찜질팩을 어깨에 두르고 최고급 마사지 의자에서 15분 동안 전신 마사지를 받으면 온몸이 나른하게 풀린다. 15분이 150분이었으면 하는 소망을 하게 하는 이 체험을 마지막으로 허브 아일랜드를 뒤로할 때는 즐거운 추억만 남는다.

추천 이곳은?

★ 맛집

허브 아일랜드는 어느 관광지보다 먹을거리가 풍부하다. 가장 대표적인 먹거리로는 허브 레스토랑의 허브 비빔밥과 허브 돈가스가 있지만, 새롭게 허브 컨벤션 레스토랑으로 태어나기 위해 현재는 오픈 준비 중이다.

허브 카페
허브의 독특한 향취가 풍부한 허브 카페의 허브 피자와 꽃차(6,000원) 또한 맛깔스럽다.

문의 031-535-6493 | 대표 메뉴 허브 피자 15,000~18,000원, 꽃차 6,000원

허브 갈비 레스토랑
가장 최근에 오픈한 허브 갈비 레스토랑의 꽃쌈과 허브 갈비찜은 허브를 첨가해 비린 맛이 없고, 육질이 부드러워서 주목받고 있다.

문의 031-535-6489 | 대표 메뉴 허브 갈비찜 18,000원

허브 베이커리
허브 베이커리의 갓 구워 나온 따끈따끈한 허브 빵과 하늘 가게의 다양한 분식 또한 간식거리로 훌륭하다.

문의 031-535-7245 | 대표 메뉴 허브 마늘 스틱 3,000원

★ 교통

서울이나 수도권에서 오는 여행객이라면 지하철 1호선과 57번 시내버스를 연계한 대중교통으로 오는 것이 가장 편하다. 다른 지방에서 오는 여행객이라면 포천 버스 터미널로 이동한 후 포천 버스 터미널 근처 한마음 약국 버스 정류장에서 57번 신북 온천행 시내버스를 이용하는 것이 좋다.

지하철+시내버스
1호선 지하철 소요산역에서 하차 후 소요산역 광장을 등지고 우측의 건널목을 건넌 후 왼편으로 약 1분 정도 직진하면 허브 아일랜드행 57번 시내버스를 탈 수 있는 소요산역 버스 정류장이 나온다. 이 버스 정류장에서 신북 온천행 57번 버스(버스 표지판에 허브 농장이라고 작게 쓰여 있다)를 탑승한 후 신북 온천을 지나 삼정1리(삼정 초등학교) 버스 정류장에서 하차하면 된다.

하차 후 길을 건너면 '허브 아일랜드 300m'라는 표지가 한눈에 들어온다. 하지만 버스가 매시 50분~00분 사이, 즉 한 시간에 한 대만 오기 때문에 시간을 잘 맞추는 것이 중요하다.

• 소요산 → 허브 아일랜드(매시 50~00분 배차), 40분 소요
• 허브 아일랜드 → 소요산(매시 30분에 배차), 40분 소요

고속버스 + 시내버스

서울에서 오는 경우 동서울 종합 터미널에서 포천 터
미널까지 이동 후 포천 버스 터미널 근처 한마음 약국
앞에서 57번 버스를 이용해 삼정1리 버스 정류장에서
하차.

소요 시간 약 30분

기차 + 시내버스

경원선 초성리역에서 하차 후 57번 버스 탑승

57번 시내버스 관련 문의

포천 상운(주) 031-534-8731

★ Travel Tip

삼정1리 버스 정류장에서 허브 아일랜드까지의
300m 도로 사이에는 볼거리가 두 가지 있다. 첫 번째
는 삼정 초등학교로 추억의 시골 초등학교의 모습을 가
득 간직한 곳으로, 특히 급식소 벽화가 정겹다.

삼정 초교를 지나 조금만 걸으면 우측으로 삼정 약수터
가 나온다. 도보 10분이면 도착하는 허브 아일랜드지
만 작은 슈퍼 하나 없는 시골길에서 만나는 약수터는
반가운 장소이다.

허브 욕과 함께하는 향기로운 밤

커플 여행객이라면 허브 아일랜드에서의 숙박도 추천할 만하다. 라벤더 · 오렌지 · 페퍼민트 · 장미 4개의 테마 룸으로 구성되어 있으며, 각 방의 이름에 맞는 허브 욕을 즐길 수 있는 허브 입욕제를 제공한다. 월풀 욕조에서 즐기는 허브 욕이라면 연인들의 추억 만들기에 좋은 선택이 될 것이다. 또한, 모든 침구류에는 허브 향이 입혀져 있어 허브 향에 취해 사랑스러운 밤을 보낼 수 있다.

* 문의 1644-1997/ 요금 1박 15만 원부터

⊙ 이곳에서 찰칵!
커플 사진 찍기에 좋은 장소로는 이니스프리 가든, 엘더블 가든, 하늘 가게 앞 사진 찍는 곳, 허브성 2층 사진 찍는 곳이 있다. 카메라 삼각대는 커플 여행객들에겐 필수품이다.

⊙ 이것만은 놓치지 말자!
허브 아일랜드의 무료 허브 찜질 팩만큼은 지나치지 말자. 무료지만 이처럼 유료 서비스 못지않은 양질의 서비스를 받을 기회는 흔치 않다.

엘더블 가든에서 커플 사진 찍기에 열중인 커플

연인과 함께 맨발로 즐기는
문경새재 사랑 여행

일 년에 단 한 번 부처님오신날에만 개방하는 봉암사, 일급수들이 무리지어 유영하는 청정 계곡 선유 구곡과 대야산 용추 계곡, 쌍룡 계곡, 국내 유일의 복합 온천수가 나오는 문경 온천, 고모 산성과 철로 자전거, 카트랜드, 석탄 박물관, 클레이 사격장 등 볼 것 많고, 할 것 많은 문경이지만 문경 여행의 핵심은 옛길의 아련함을 그대로 간직한 문경새재다. 과거에는 한낮에도 호랑이가 출몰하던 깊고 험한 산길이었던 새재길이 요즘은 연인과의 한가로운 산책길이 되었다. 문경새재 제1관문에서 제3관문까지의 산길은 마사토로 곱게 다져 놓아 맨발로 산책하기 최적이며 길 따라 흐르는 계곡은 하늘빛을 그대로 투영하며 연인들의 마음을 설레게 한다.

겨울엔 눈 쌓인 관문과 어우러진 신비로운 노송들의 연회를 볼 수 있고, 가을엔 붉은빛 단풍의 향연을, 여름엔 계곡이 들려주는 물의 노래를, 봄엔 이름 모를 들꽃들이 새재길을 따라 끝없이 따라오는 문경새재는 커플 여행지로 더없이 적격인 곳이다.

기쁜 소식을 가장 먼저 들을 수 있다는 문경

문경의 관문인 문경새재는 조선 시대의 경부 고속도로라 할 수 있는 부산

57

에서 서울로 이어지는 영남대로의 핵심이었다. 현재 경부 고속도로가 428㎞인데 비해 조선 시대의 영남대로는 380㎞로 영남에서 서울로 가는 최단 거리였으니 그 시대 영남의 모든 문물이 이 길을 이용했다 해도 무방할 것이다. 그 중심인 문경새재는 조선 시대 한낮에도 산적과 호랑이가 출몰하는 험난한 산길이었다. 이에 새재 아래 주막에는 새재를 같이 넘을 일행을 기다리는 사람들로 항상 북적였다고 한다.

　　　문경새재는 과거를 보러 가던 영남 지역 선비들이 가장 선호하던 과거길로 추풍령으로 가면 추풍낙엽처럼 떨어지고 죽령으로 가면 주르륵 미끄러진다고 해서 영남의 선비들은 반드시 이 길로 과거를 보러 다녔다. 이렇듯 옛 선인들의 발자취가 짙게 남아 있는 문경새재는 380㎞ 영남대로 중 유일하게 옛길이 보존된 지역이기도 하다. 현재 문경새재 도립 공원으로 지정된 문경새재는 문경새재 제1관문인 주흘관에서 제2관문인 조곡관까지 3㎞, 제2관문에서 제3관문인 조령관까지 3.5㎞로 총 6.5㎞의 길이다. 관람객들을 위해서 차가 다닐 수 있을 만큼 널찍하게 길을 닦은 후 마사토로 잘 다져 놓아 국내에서 유일하게 맨발 트래킹을 즐길 수 있는 곳이 되었다.

하지만 아무리 잘 닦아 놓은 길이라 하더라도 산길 6.5km는 쉽지 않다. 따라서 연인과 등산의 힘겨움을 피해 산들바람 같은 트래킹을 즐기려면 문경새재 정상에 위치한 조령관에서 산 아래 위치한 주흘관까지 내려오는 것이 좋다. 그러자면 충주 수안보 터미널에서 괴산 시내버스(연풍행)를 타고 제3관문이 위치한 조령산 자연 휴양림 근처 소조령에서 내려야 한다. 이곳에서 제3관문까지는 약 2km, 도보로 약 한 시간 정도 걸어야 하지만 주변 풍광이 아름다워 즐거운 산책을 즐길 수 있다.

문경새재 제3관문 조령관

문경새재의 제3관문인 조령관은 조령 정상에 있다. 고즈넉하게 앉아 있는 조령관 위로 흰 구름이 스치듯 지나가고 관문 앞으로는 드넓은 잔디밭이 시원스레 펼쳐져 있다. 조령관을 등지고 우측으로는 한겨울에도 얼지 않고, 마시면 장수한다는 약수터가

INFORMATION ★ ★ ★ ☆

문경새재 입장료 무료/ 시간 하절기 09:00~18:00, 동절기 09:00~17:00/ 문의 054-571-0709

대왕 세종 촬영장 입장료 2,000원/ 시간 문경새재 도립 공원과 입장 시간 동일/ 문의 054-550-6418

고모산성 입장료 무료/ 24시간 개방

철로 자전거 대여료 15,000원/ 문의 054-553-8300

조령산 자연 휴양림 입장료 700원 / 문의 043-833-7994

문경새재 도립 공원 내 관광 안내소 054-550-6414

있다. '한국의 명수 100선'으로도 선정되었던 조령 약수는 1708년 조령관을 쌓을 때 발견했다고 전해진다. 여행의 시작점에서 물 보급소로 안성맞춤이다. 이곳에서 물병을 가득 채우고 맞은편을 바라보면 조령관의 좌측으로 옛 주막을 떠올리게 하는 문경새재 3관문 휴게소(문의 010-7148-0485)가 있다. 하늘 아래 구름과 나뿐인 장소에서 손에 닿을 듯 흐르는 구름을 벗 삼아 새재주 한잔의 풍류를 즐길 수 있는 특별한 장소다.

고목이 우거진 제2관문 조곡관

　　　　　제3관문인 조령관에서 제2관문인 조곡관으로 가는 길은 한여름에도 빛이 들어오지 못할 정도로 길 양옆으로 고목들이 우거져 있다. 구불거리는 길을 한가롭게 내려가다 보면 금의환향 길이자 장원급제길이라 불리는 영남대로의 일부인 조선 시대 과거길이 나온다. 이왕이면 이 오래된 과거길을 따라가 보자. 영남대로에서 유일하게 옛길이 보존된 문경새재의 옛길 중 일부다.

　　　　　이 길 중간쯤에는 특별한 전설이 전해 오는 책 바위가 있다. 문경새재 인근에

살던 어느 큰 부자가 어렵게 자식을 얻었으나 몸이 허약하여 언제나 걱정이었다. 이에 유명한 문경의 도사에게 물으니 '당신 집터를 둘러싼 돌담이 아들의 기운을 누르고 있으니 아들이 담을 직접 헐어 그 돌을 문경새재 책 바위 뒤에 쌓아 놓고 지극 정성으로 기도를 올리라'고 일렀다. 이에 그대로 따른 아들은 몸도 건강해지고 공부도 열심히 하여 장원급제를 하였다고 한다. 이후 책 바위 앞에서 소원을 빌면 장원 급제한다는 전설이 전해져 과거에는 수많은 과거객이 소원을 빌었으며, 지금은 많은 학부모가 종이에 소원을 적어서 책 바위에 묶어 두고 간다. 책 바위를 뒤로하고 옛 정취 가득한 장원급제길을 따라 내려가다 보면 다시 큰 도로를 만난다. 이후 큰길을 따라 내려가면 임진왜란 당시 신립 장군이 거느린 농민군 2진이 머물렀던 이진터, 버튼을 누르면 문경새재 아리랑 노래를 들을 수 있는 문경새재 아리랑비, 귀틀집을 지나 새재우(雨) 전설이 전해 내려오는 바위굴을 만난다.

옛날 이곳을 지나던 선비와 처녀가 바위굴에서 비를 피하다 정을 통해 아이를 낳았다 한다. 그 후 그 아이가 성장하여 아버지를 찾아 세 가족이 행복한 가정을 이루었다는 전설이 전해지는 곳이다. 그래서 청춘 남녀가 함께 그 굴에 들어가면 사랑이 깊어져 평생 헤어지지 않는다고 하니 커플 여행객들에게는 더욱 흥미로운 장소가 될 것이다. 이곳을 지나면 문경새재 아리랑비를 만나게 된다. 아리랑비를 지나면 조곡관이 지척이다. 조곡관 바로 앞에 있는 조곡 약수는 물을 보충하기 좋은 곳이다. 문경새재 제2관문인 조곡관은 계곡이 앞을 가로막고 있는 좁은 협곡에 관문을 만들어 외적을 방어하기에 최적의 장소다. 지금도 둘러보면 계곡이 좁아 주위가 어두울 정도다. 또한, 고송에 둘러싸여 있는 조곡관은 3개의 관문 중 가장 고아한 분위기가 흐른다.

01

02

03

04

05

여행객의 눈길을 사로잡는 제1관문 주흘관

제2관문인 조곡관에서 제1관문인 주흘관까지는 조곡 폭포, 산불됴심비, 소원 성취 탑, 예배굴, 용추, 교귀정, 주막, 상처 난 소나무, 조령 원터, KBS 드라마 촬영장 등이 여행객들의 눈길을 끊임없이 사로잡는다. 특히 여름이면 조곡 폭포에서 흘러내린 물이 나무 수로를 따라 흘러흘러 수로의 끝에 있는 물레방아를 돌리는 모습을 생생히 볼 수 있다. 또한, 산책길 곳곳에 발을 씻을 수 있는 곳이 있어 조곡 폭포에서 떨어지는 물방울을 맞으며 여름의 더위를 식힐 수 있어 '천상휴'라는 말을 떠올리게 한다. 조곡 폭포를 지나면 조선 후기에 세워진 산불됴심비(지방 문화재 자료 제226호)가 서 있다. 조선 후기 과거객과 행상인들로 북적였던 문경새재에 산불에 대한 경각심을 알리는, 한글로 빨갛게 새겨 넣은 산불됴심비는 어쩐지 귀여운 느낌이 든다.

산불됴심비를 지나 조금만 더 걸으면 소원 성취 탑이 나온다. 소원 성취 탑은 과거 문경새재를 거쳐 한양으로 과거를 보러 가던 선비들이 과거 급제를 기원하며 마음을 다해 돌을 쌓아 만든 돌탑으로 과거 급제뿐 아니라 아픈 사람은 쾌차하고 상인은 장사가 잘되며, 아이 없는 여인은 옥동자를 낳을 수 있다는 말이 전해지는 곳이다. 지나는 길에 연인과 함께 사랑의 결실을 빌어 보는 것도 재미있을 듯하다.

예배굴은 조선 시대 말기의 예배 장소로 추정되는 곳으로 이곳을 지나면 문경새재 명승지 중 최고로 꼽는 용추가 나온다. 용담으로도 불리는 용추는 문경새재 길을 따라 이어지는 계곡에서 가장 경치가 뛰어난 곳으로, 수많은 시인 묵객들이 용추의 빼어남을 칭송하였다.

큰 바위 힘이 넘치고 구름은 도도히 흐르는데

산속의 물 내달아 흰 무지개 이루었네.

성난 듯 낭떠러지 입구 따라 떨어져 웅덩이 되더니

그 아래엔 먼 옛적부터 이무기 숨어 있네.

푸르고 푸른 노목들 하늘의 해를 가리었는데

나그네는 유월에도 얼음이며 눈을 밟는다네.

깊은 웅덩이 곁에는 국도가 서울로 달리고 있어

날마다 수레며 말발굽이 끊이지 않는다네.

즐거웠던 일 그 몇 번이며 괴로웠던 일 또 몇 번이었던가?

하늘 땅 웃고 어루만지며 예와 오늘 곁눈질하네.

- 퇴계 이황-

용추 앞에는 신·구 경상도 관찰사가 업무를 인수인계하던 교귀정이 있다. 교귀정에서 문경새재 제1관문인 주흘관을 향해 조금만 내려가면 용추 계곡 바닥 돌을 깎아 만든 용추 약수터, 조선 시대 청운의 꿈을 안고 한양으로 과거를 보러 가던 선비들과 영남의 문물을 수레에 가득 싣고 상행을 나가는 상인들이 술 한잔을 하며 휴식을 취하던 주막과 조령 원터가 나온다. 조령 원터는 고려와 조선 시대 관리들에게 숙식을 제공하던 곳으로 현재 초가와 움집 등이 복원되어 있다. 조령 원터를 감싸는 돌담과 어우러진 푸른 나무와 비췻빛 계류 용추가 만들어 내는 로맨틱한 분위기가 연인과 함께하는 순간순간을 더욱 낭만적으로 만들어 준다.

　아름다운 산책로를 지나면 주흘관 바로 앞에 있는 KBS 드라마 〈대왕 세종〉 촬영장(입장료 2,000원)이다. 〈대왕 세종〉 촬영장은 고려 시대를 배경으로 한 태조 왕건 촬영장으로 조성되어 고려 시대 건축물이 주였으나 2008년 4월, 75억 원을 들여 조선 시대 건축물로 재오픈하였다. 광화문, 경복궁, 동궁, 서운관, 궐내각사, 양반집 등 103동을 포함한 기존 초가집 22동과 기와집 5동 등, 총 130동의 시설을 갖춘 거대한 촬영지로 KBS 대하드라마 〈태조 왕건〉, 〈제국의 아침〉, 〈무인시대〉, 〈대조영〉, 〈대왕 세종〉, 〈일지매〉, 〈최강칠우〉와 영화 〈스캔들〉, 〈낭만 자객〉 등이 촬영되었다.

　　조령산과 주흘산을 배경으로 문경새재 제1관문인 주흘관과 어우러져 시대를 거슬러 올라간 듯한 느낌을 주는 세트장을 뒤로하면 곧 영남 제1관이라 쓰인 현판이 눈에 가득 들어온다. 문경새재 세 관문 중 가장 시원스러운 기상을 뿜어내는 영남 제1관문이자 문경새재 제1관문인 주흘관은 홍예문 높이 3.6m, 관문 전체 길이 5.4m, 양옆 석축 높이 4.5m, 석축 길이 188m로 문경새재 세 관문 중 가장 웅장한 규모를 갖추고 있다. 관문을 지나기 전 광장에는 400년 뒤 개봉 예정인 타임캡슐이 묻어져 있으며, 견고한 성곽을 지나면 드넓은 잔디 광장이 펼쳐진다. 주흘관을 뒤로 하고 잔디 광장을 지나 고개를 돌려 보면 지나온 새재길이 꿈길인 듯 조령산과 주흘산은 새재길을 감추어 버린다. 잔디 광장을 지나면 자연 생태 공원(입장료 2,000원/ 시간 하절기 09:00~18:00, 동절기 09:00~17:00)이 나온다. 다양한 꽃과 습지 생물이 가득한 자연 생태 공원은 봄이 되면 그 화사함에 취해 발길을 돌릴 수 없게 만든다. 마지막으로 새재길과 옛길에 관한 다양한 전시물을 갖춘 옛길 박물관(입장료 1,000원/ 시간 하절기 09:00~18:00, 동절기 09:00~17:00)을 둘러보면 문경새재 트래킹의 마침표를 알차게 찍을 수 있다.

좀 더 여유가 있다면 들러 보자

만약 시간이 된다면 문경새재 제1관문에서 시내버스를 타고 진남 휴게소에 내려 고모 산성에 올라 보자. 이곳에서는 30분 내로 진남루를 거쳐 고모 산성에 오를 수도 있고, 영남 대로의 일부였던 옛길 중 가장 보전이 잘 되었다는 토끼비리길을 걸어 볼 수도 있다. 고모 산성 정상에서 바라보는 깎아지른 듯한 층암절벽과 푸른 강줄기, 강줄기를 가로지르는 철교와 신·구교가 만들어 내는 조화가 감탄스럽다. 진남교반이라 불리는 이 아름다운 절경은 경북 8경에서 제1경으로 꼽힌다. 특히 봄이 되면 S자로 만곡하는 강줄기를 따라 철쭉과 진달래가 흐드러지게 피어 잊기 어려운 감동을 선사한다. 또한, 진남 휴게소에서 도보로 10분 정도만 이동하면 문경의 대표적인 관광 체험 거리인 철로 자전거를 탈 수 있는 진남역이 나온다.

　　　1970년대 석탄 산업이 활황이던 시절 수없이 많은 석탄을 실어 나르던 철로가 쇠락의 시기를 지나 이젠 여행객들의 이색 체험 시설이 된 것이다. 진남교반을 배경으로 설치된 철로 위를 달리는 철로 자전거(요금 10,000원/ 성인 2명, 어린이 2명이 함께 탑승)의 페달을 밟아 나가다 보면 머리 위를 스치는 강바람과 싱그러운 풀 내음, 기암괴석과 어우러진 층암절벽이 이루어 내는 황홀한 풍광이 파노라마가 되어 다가온다. 왕복 40여 분이 소요되며, 터널과 다리를 지나는 상행선은 군왕리역까지 왕복 4km, 강변을 따라가는 하행선은 불정역까지 왕복 4km다.

★ 맛집

소문난 식당

문경새재 입구 유료 주차장 아래에 있는 소문난 식당의 새재 묵조밥은 문경을 대표하는 토속 음식이다. 청포 묵조밥과 도토리 묵조밥은 청포묵과 도토리묵을 잘게 썬 후 고소한 김과 깨소금 등을 조밥 위에 얹어 비벼 먹는 비빔밥의 일종이다.

도토리묵에 사용되는 도토리는 주흘산의 도토리를 사용하고, 식당의 모든 음식 재료는 문경 가은 농장에서 계약 재배한 순수 국산이다. 12가지 기본 반찬은 인근 산야에서 나는 산나물과 채소로 만든다. 새콤달콤한 토마토 장아찌와 고소하고 깔끔한 맛의 산나물 무침들은 소문난 식당을 다시 찾게 하는 원동력이다. 2,000원을 추가하면 더덕구이와 녹두전이 함께 나오는 맛깔나는 정식을 먹을 수 있다.

문의 054-572-2255 | 대표 메뉴 청포 묵조밥 8,000원, 도토리 묵조밥 8,000원

문경새재 할매집

문경새재 도립 공원 주차장 앞 도로변에는 많은 식당이 늘어서 있다. 이 중 문경새재 할매집은 약돌돼지 양념 석쇠구이로 40년이 넘는 기간 동안 명성을 쌓아 오고 있다.

신선한 국내산 돼지고기에 매콤달콤한 고추장 양념을 듬뿍 바른 후 숯불 위 석쇠에서 맛깔스럽게 구워낸다. 10여 가지의 반찬과 야외에서 바로바로 구워 상 중앙을 가득 차지하고 나오는 약돌돼지 양념 석쇠구이 정식이 가장 인기 있는 메뉴다.

문의 054-571-5600 | 대표 메뉴 고추장 양념 석쇠구이 정식 12,000원

진남 매운탕

진남교반에 있는 진남 매운탕은 영강에서 잡은 민물고기로 민물 매운탕을 감칠맛 나게 하여 유명한 식당이다.

얼큰한 다진 양념과 신선한 채소, 영강에서 갓 잡아 올린 민물고기로 만들어 내는 국물 맛이 시원하다. 철로 자전거와 고모 산성, 진남교반을 둘러보는 여행객들이 이용하면 좋다. 진남 휴게소에서 영강을 가로지르는 구교를 건너면 바로다. 단, 물고기를 통째로 넣기에 비위가 약한 사람이라면 다른 선택을 하는 것이 좋다.

문의 054-552-7777 | 대표 메뉴 잡어 매운탕 소 35,000원, 중 45,000원, 대 55,000원

★ 교통

수안보 → 문경새재 제3관문 조령관

충주 수안보 터미널에서 괴산 시내버스(연풍행)를 타고 삼관문이 있는 조령산 자연 휴양림 근처 소조령에서 하차 후 도보 1시간. 수안보 터미널에서 택시 이용 시 조령산 자연 휴양림 입구까지 갈 수 있으므로 도보 이동 시간이 20~30분으로 줄어들며, 조령산 자연 휴양림 입구 관리자가 허락한다면 조령관 바로 밑에 있는 휴게소까지 택시로 이동할 수도 있다. 이럴 때 도보 이동 시간은 약 5분.

문경새재 제1관문 주흘관 → 진남 휴게소(카트랜드, 고모산성, 철로 자전거)

문경새재 제1관문 유료 주차장 앞 시내버스 정류장에서 문경 버스 터미널과 진남 휴게소를 경유해서 점촌시에 있는 점촌 버스 터미널까지 가는 200번 시내버스를 탈 수 있다. 이 버스를 타고 문경읍 버스 터미널을 지나 점촌시로 조금만 달리다 보면 진남 휴게소가 나온다.

사람이 없으면 지나치기도 하므로 미리 버스 기사에게 진남 휴게소에서 내려 줄 것을 말하는 것이 좋다. 진남 휴게소에서 내리면 휴게소 내에 카트랜드가 있으며, 카트장 끝 부분에 이어진 등산로로 30분이면 고모 산성 정상에 이를 수 있고 10분 내로 철로 자전거를 즐길 수 있는 진남역으로 이동할 수 있다.

문경읍 버스 터미널 → 문경새재 도립 공원
문경읍 버스 터미널에서 관문행 시내버스 탑승 후 약 10분이면 도착한다. 거리상으로는 3㎞ 정도로 택시 탑승 전에 요금을 문의하고 탑승하는 것이 좋다.(문경 버스 터미널 054-571-0343)

문경(점촌) 시외버스 터미널 → 문경새재 도립 공원
문경읍과 점촌시가 시·군 통합되면서 점촌시가 문경시로 바뀌어 혼란스러워하는 사람들이 많다. 문경새재는 문경읍에 인접해 있지만 이 지역의 중심인 점촌(문경)시의 점촌(문경) 시외버스 터미널이 문경읍 버스 터미널보다 노선이 많아서 이곳을 이용하는 사람들이 많다.

점촌 시외버스 터미널을 이용할 경우 점촌 시외버스 터미널 근처에서 200번 시내버스를 타고 문경새재 도립 공원으로 이동하면 된다.

문의 점촌 시외버스 터미널 054-553-7741 | **소요 시간** 약 1시간

★ 숙박

새재 스머프 마을 펜션
문경새재 주차장을 지나 5분 정도 내려오면 문경시에서 운영하는 새재 스머프 마을 펜션이 있다. 2008년 신축한 이 펜션은 문경새재 앞, 산 중턱 전망 좋은 곳에 있다.

앙증맞은 펜션 뒤로는 과수원이 둘러싸고 있고 그 옆으로는 새재 공원이 펼쳐져 있다. 총 9개 동을 갖추고 있다. 오픈 이후 많은 인기를 끌고 있어 예약은 필수.

문의 054-572-3762 | **요금** 주말 4인실 2개 동 70,000~100,000원/ 6인실 4개 동 110,000~140,000원/ 10인실 3개 동 160,000원/ 주중은 주말보다 만 원이 저렴하다.

불정역 테마 펜션 열차
문경에는 전국 어디에 가도 볼 수 없는 기차 펜션이 있다. 이젠 기차가 다니지 않는 간이역인 불정역에 무궁화호 객실 여섯 량과 전동차 한량 등 열차 일곱 량을 10개의 객실로 꾸민 불정역 테마 펜션 열차가 2008년 문을 열었다.

문경시와 코레일이 운영하는 테마 펜션 열차는 4인용 소가족실 8개와 12인용 대가족실 1개, 15인용 단체 객실 1개로 구성되어 있으며 객실마다 침실과 부엌, 화장실, 테라스 등을 갖췄다. 아름다운 외관을 갖추고 있어 근대 문화유산으로 지정된 불정역사를 바로 앞에 두고 있어 연인과 함께 특별한 추억을 만들기 좋은 숙소다.

문의 054-639-2063 | **요금** 4인 소 가족실 100,000~130,000원, 12인 대실 180,000~240,000원

강이 있는 풍경 펜션
진남교반이 위치한 영강가 강이 있는 풍경 펜션은 창을 열면 바로 기암절벽과 어우러진 푸른 영강이 펼쳐져 그림 같은 전경을 자랑한다. 여름에는 청정한 강가에서 물놀이를 즐기기에 적격인 곳이며 문경 철로 자전거를 탈 수 있는 진남역이 도보로 5분 거리에 있다.

문의 011-287-3375 | **요금** 2인실 평일 70,000원

가인 강산
가인 강산은 문경 철로 자전거 근처에 있는 민박으로 인근에서 최고의 절경으로 인정하는 영강변 병풍바위 앞에 있다. 단 커플 전용룸은 없고 가족 룸으로 가장 작은 방이 70,000원이다.

문의 010-4522-8886 | **홈페이지** minbakgain. hihome.com

예인 샘터

문경 온천에서 온천을 즐긴 후 1박을 하고 싶다면 문경 온천 지구 인근에 있는 예인과 샘터 펜션이 좋다. 연인들만을 위한 펜션이라고 불러도 모자라지 않을 정도로 예인과 샘터 펜션은 로맨틱하다. 방마다 첫 발자국의 설렘, 나의 야생화, 두근거리는 마음, 따뜻한 햇살, 하늘까지 날아올라, 삶의 열정, 끝나지 않는 사랑 등 달콤한 이름이 걸려져 있고 이름에 맞게 달콤하고 감각적으로 인테리어했다.

문의 010-6211-4643 | **요금** 2인 룸 80,000원~

★ 도시 간 이동

서울→수안보

동서울 종합 터미널에서 수안보행 시외버스를 이용하여 수안보에 도착.

소요 시간 2시간 30분

서울→문경읍 버스 터미널

동서울 종합 터미널에서 2시간 소요.

서울→점촌 시외버스 터미널

동서울 종합 터미널에서 2시간 소요. 서울 고속버스 터미널 경부 라인에서 2시간 소요.

★ 추천 코스

문경새재 커플 여행은 당일과 1박 2일 코스가 좋다. 문경새재는 계절에 따라 좋고 나쁨이 극명하게 달라지는 여행지가 아니다. 봄에는 새재길을 따라 흐드러지게 핀 들꽃과 진남 교반을 붉게 물들이는 진달래와 철쭉의 향연에 빠지고, 여름에는 문경새재의 용추를 비롯해 문경에 산재한 쌍룡, 대야산 용추 계곡, 구담 구곡 등 청정한 계곡의 맑은 물소리에 흠뻑 젖게 된다. 가을이 되면 새재길을 감싸는 주흘산과 조령산이 단풍으로 곱게 물들고, 겨울엔 새재의 관문들과 노송들에 하얀 눈이 켜켜이 쌓여 동양화의 한 장면을 연출한다.

이에 문경 여행에서 계절은 선택일 뿐이다.

하지만 당일 일정이라면 문경새재와 진남교반, 고모 산성, 철로 자전거까지가 적당할 듯하다. 1박 2일을 생각한다면 당일 일정에 문경 온천과 석탄 박물관, 석탄 박물관 부지 내에 있는 드라마 〈자명고〉 촬영장을 연계하면 좋다. 또는 조령산 자연 휴양림에서 1박을 한 후 수안보 온천에서 온천을 즐긴 후 수안보 터미널로 돌아오는 것도 좋다.

추천 당일 코스

수안보 도착 → 문경새재 제3관문 조령관(조령산 자연 휴양림) → 문경새재 제2관문 → 문경새재 제1관문 → 〈세종대왕〉 촬영장 → 고모 산성(진남교반) → 철로 자전거

추천 1박 2일 코스

❶ 수안보 도착 → 문경새재 제3관문 조령관(조령산 자연 휴양림) → 문경새재 제2관문 → 문경새재 제1관문 → 세종대왕 촬영장 → 문경 온천 → 펜션에서 1박 → 고모 산성, 철로 자전거 → 석탄 박물관, 〈연개소문〉 촬영장.

❷ 고모 산성, 철로 자전거 → 문경새재 제1관문 → 문경새재 제2관문 → 문경새재 제3관문 → 조령산 자연 휴양림 숙박 → 수안보 온천

★ Travel Tip

문경 문화원에서는 매해 봄에서 가을까지 과거길과 달빛 사랑을 주제로 '문경새재 과거길 달빛 사랑 여행'을 진행한다. 달빛이 가장 밝은 매월 보름에 가까운 토요일에 진행되는 이 행사는 달빛과 함께 옛 과거길을 걸어 보는 낭만적인 프로그램이다.
월 1회 진행되며 5시간 정도 이어진다. 신청은 홈페이지와 문의로 가능하다.

예약 및 문의 문경 문화원
054-555-2571 | **홈페이지**
www.mgmtour.co.kr

폐철로 산책

　　진남교반은 가벼운 산책 코스로 제격인 곳이다. 가장 로맨틱한 산책 코스로는 진남 휴게소에서 구교를 건너 진남 매운탕으로 이동해 진남 매운탕에서 다시 영강을 가로지르는 철로를 건너 진남루로 가는 길이다. 이 철로는 기차가 다니지 않는 폐철로다. 하지만 왠지 저 멀리 보이는 어두운 터널에서 기적을 울리며 기차가 달려올 것 같은 느낌이 생기는 매력적인 장소다. 영화의 한 장면을 보는 것 같은 느낌을 주는 폐철로를 연인과 함께 걷다 보면 눈 아래 펼쳐지는 영강의 절경에 감탄하게 될 것이다. 터널 바로 앞에서 우측 산길로 조금만 올라가면 진남루가 나오고, 이곳에서 약 10분만 올라가면 고모 산성이 나온다.

문경새재 맨발 트래킹과 폐철로에서의 짜릿한 산책까지
연인과의 즐거운 한때를 보낼 수 있다.

전주 한옥 마을

보물 제308호로 전주의 가장 대표적인 문화재인 풍남문과 한국을 대표하는 아름다운 성당으로 유명한 전동 성당, 주변의 수려한 경관으로 많은 사극의 촬영지로 활용되는 경기전, 전주 한옥 마을을 한눈에 조망할 수 있는 오목대, 영화 〈YMCA 야구단〉의 촬영지였던 전주 향교, 전주 8경의 하나인 한벽청연에 해당하는 한벽당과 전주비빔밥과 전주 한정식을 맛깔스럽게 만들어 내는 오랜 전통의 맛집들이 포진해 있는 전주. 이러한 감칠맛 나는 볼거리, 먹을거리들은 모두 전주 한옥 마을 인근에 밀집해 있다. 그러기에 당일 대중교통 여행자들에게는 더없이 좋은 고장이 전주이고 전주 한옥 마을이다.

900여 채의 한옥이 밀집된 전통 한옥 마을

전주 한옥 마을은 잘 모르고 가면 지루함에 몸을 틀며 기와 구경만 하고 오기 쉬운 곳이다. 전주 한옥 마을은 눈으로만 보는 관광지가 아니다. 고풍스러운 한옥 안에서 황차의 그윽함에 빠져 보고, 전주에 관한 다양한 책이 전시된 전동 아트 센터 2층 문화 공간에서 전주 한옥 마을 골목골목의 역사를 알아보고, 한방 체험 센터에서 한방 족욕을 즐기고⋯⋯, 그윽한 멋을 풍기는 한옥 지붕 아래에서 다양한 체험 거리를

INFORMATION ★★★★☆

위치 전북 전주시 풍남동, 교동 일대 문의 전주 한옥 마을
관광 안내소 063-282-1330
시간 연중무휴
요금 무료
홈페이지 hanok.jeonju.go.kr

경험해 보지 않는다면, 전주 한옥 마을의 참맛을 보았다고 할 수 없다.

전주 한옥 마을은 900여 채의 한옥이 밀집된 전통 한옥 마을이다. 이 마을의 전경을 한눈에 담기 위해서는 오목대(梧木臺)에 올라야 한다. 오목대는 조선 태조 이성계가 황산대첩 이후 조선의 개국을 알리며, 친지들을 불러 모아 잔치를 연 곳이다. 오목대에서 내려오면 한옥 마을의 척추라고 할 수 있는 태조로가 이어진다. 태조로를 따라 한옥 마을 관광 안내소와 전통 공예품 판매장, 공예품 전시관 등이 좌우로 깔끔하게 조성되어 있다. 이곳에서는 고급스러우면서도 특색 있는 기념품들을 구매하기 좋다.

동서양의 아름다움을 보여 주는 태조로

태조로를 따라 경기전으로 가다 보면 왼편으로 고신(古新)이라는 전통 찻집이 있다. 이름 그대로 전통과 현대의 미가 멋들어지게 어우러진 찻집으로 눈과 입의 즐거움 모두를 충족할 수 있는 곳이다. 체리와 귤 등을 말려 만든 고신차(8,000원)가 유명하다. 태조로 끝에는 동양적인 아름다움과 서양적인 아름다움을 대표하는 경기전과 전동 성당이 마주하고 있다. 경기전은 태조 이성계의 어진을 모시기 위해서 1410년에 지어진 건물이다.

경기전이 특별한 이유는 조선 왕들의 어진과 함께 족보인 선원록, 고려사절요 등의 사서를 보관한 전주 사고가 같이 있기 때문이다. 전주 사고는 드라마 〈궁〉에서 궁 내의 비밀스러운 공간인 서고로 나온 곳이기도 하다. 본전에서 전주 사고로 가는 길 우측으로는 많은 사람의 시선을 한눈에 잡아끄는 아름다운 대나무 숲이 있다. 이 장소 또한 드라마 〈궁〉의 촬영지였다. 봄, 가을에 특히 아름다운 경기전은 드라마 〈용의 눈물〉, 〈왕과 비〉, 〈명성황후〉 등 많은 사극의 배경지가 되기도 했었다.

많은 사람이 전동 성당을 한국 멜로 영화의 걸작이라는 〈약속〉에서

01

02

03

01 전동 성당 내부 02 전동 성당
03 전동 성당 부속 건물 04 풍남문
05 전동 성당 한국 최초 순교터

04

05

전주 한옥 마을에서의 야간 데이트 또한 멋스럽다. 전동 성당과 풍남문 그리고 많은 한옥에 조명과 등불이 들어오면 그윽한 분위기가 마을 전체를 감싼다.

주인공의 성당 결혼식 장소로 기억하고 있을 것이다. 물론 전동 성당은 아름답다. 심지어 전동 성당 옆에 지어진 성심 유치원 건물마저 아름다운 곳이다. 하지만 이 성당은 태생이 슬픈 곳이다. 1791년 조선 최초의 순교자인 윤지충과 권상연이 참수된 순교터이자, 그들의 목이 걸렸던 풍남문 성벽 돌로 주춧돌을 세운 성지이며, 진안, 장수 지역 신도들이 성당 건축을 돕기 위해 새벽에 와서 언제나 깜깜한 밤에 횃불을 들고 돌아갔다는 이야기가 전해오는, 가톨릭 신자들의 피와 눈물 그리고 땀이 서린 곳이다. 보드로 신부가 1908년 건축을 시작해 1914년에 완성한 화려한 비잔틴풍의 로마네스크 양식으로 지어진 전동 성당을 그냥 지나치지 말자. 전동 성당의 야경은 더욱 화사하므로 될 수 있으면 밤의 전동 성당의 아름다움에 취해 보자.

전동 성당에서 도보로 5분 이내로 갈 수 있는 풍남문은 전주를 대표하는 문화재로 보물 제308호다. 전주성의 남문으로 사대문 중 유일하게 남아 있는 성문이다. 풍남문 앞에는 호남 제일성이라는 글씨가 세월의 때로 덮여 고풍스럽게 걸려 있다. 밤에 조명이 들어오면 더욱 아름답다. 근처의 남문 시장은 콩나물 국밥으로 유명하다. 콩나물국은 원액이란 느낌이 들 정도로 진한 국물의 시원함으로 언제나 이것이 '남도의 맛이구나' 하는 감탄이 나온다. 남문 시장 안 콩나물 국밥 맛집으로는 현대옥(문의 063-282-7214/ 콩나물 국밥 6,000원)이 있다.

볼거리 먹을거리가 많은 동문 3길

경기전 동문과 맞닿아 있는 동문 3길은 볼거리 먹을거리가 많은 길이다. 경기전 관람을 마치고 동문으로 나오면 멋스러운 카페인 The Story가 바로 보이고 그 우측으로 한옥 마을의 핵심 관람 포인트 중 하나인 교동 아트 센터가 있다. 교동 아트 센터는 백양 표 메리야스를 생산하던 공장 건물 일부를 그대로 유지해 내부를 전시관으로 리모델링해서 2007년 4월 개관한 아트 센터이다. 1층은 전시관과 아트 숍으로, 2층은 일반인들에게 차와 음악, 만남을 제공하는 다목적 홀이다. 1,000원만 내면 커피와 티를 마시고 양질의 서적들을 읽으며 쉴 수 있다.

동문 3길을 따라 성심 여·중고 방향으로 내려오면 70~80년대 추억의 학교길을 만날 수 있다. 성심 여·중고 앞으로 조성된 문구점과 분식점들은 잊기 힘든 오래된 추억을 불러일으키는 재미있는 장소다. 이곳에는 전주 시민의 사랑을 가득 받는 칼국수(4,000원)를 파는 베테랑 분식점(문의 063-285-9898)이 있다. 이 칼국수를 먹기 위해 명절이면 외지로 나갔던 전주 시민이 긴 줄을 설 정도다. 성심 여·중고는 영화 〈클래식〉에서 빨간 돌담길을 촬영했던 곳이지만, 담장 허물기 사업으로 그 예쁜 벽돌담이 사라져 아쉬움을 남기고 있다. 동문3길을 따라 성심 여·중고를 지나 직진하다 왼편으로 꺾어 들어가면 학인당이 나온다. 학인당은 2년 반 동안 백미 4,000석과 연 인원 4,000여 명을 동원해 지은 한옥 마을을 대표하는 고택으로, 조선 왕조 붕괴 후 궁중 건축 양식이 상류층 주택으로 흘러 들어온 전형을 보여 주고 있다. 한옥 마을에서 고택 체험을 할 수 있는 8개의 한옥 중 하나로 명상, 다도 체험이 가능하며, 백범 김구 선생이 묵었던 곳으로도 유명하다.

전통을 체험하고 배우는 곳

은행나무길에 있는 전주 한방 문화 센터에서는 사상 체질 검사를 받은 후 한방약족탕으로 쌓인 피로를 말끔히 씻어 버리는 한방 체험을 할 수 있다. 워낙 인기 있는 체험이므로 지나는 길에 시간 예약을 해 두고 한옥 마을을 다 둘러본 후 마지막으로 이 체험을 하는 것이 좋다.

이외 한옥 마을의 추천 코스로는 한지 공예 예술이라는 말이 절로 나올 정도로 아름다운 공예품을 전시하고 있는 공예 공방촌 지담과 전주 이강주와 모주에 대한 설명을 듣고, 시간만 맞는다면 제작 과정에 대한 시연을 볼 수 있는 술 박물관, 예쁘게 장식된 다양한 조형물들로 눈길을 뗄 수 없게 만들어 놓은 실제 한옥 체험을 할 수 있는 한옥 생활 체험관, 전주의 공예 명인들의 작품을 관람할 수 있는 전주 공예 명인관 등을 들러볼 수 있다. 이곳은 모두 체험과 구매가 가능한 곳이며, 담을 사이에 두고 가까이 위치하고 있어서 관람 동선 또한 좋다.

마지막으로 국내 서예 전문가의 작품 1,000여 점을 전시한 국내 유일의 서예 전문 전시관인 강암 서예관과 최명희 문학관, 70~80년대 추억의 물건들을 전시한 추억 박물관, 영화 〈YMCA 야구단〉의 촬영지 전주 향교, 전주 8경 중 하나인 한벽당 또한 그냥 지나치기에는 아까운 곳이다.

★ 전통 맛집

단아한 놋그릇에 콩나물로 지은 밥 위로 30여 가지가 넘는 신선한 재료와 육회와 황포묵을 올려, 볶음 고추장에 비벼 먹는 전주비빔밥은 전주의 자랑이자 한국을 대표하는 음식이다.

종로 회관

전주 한옥 마을 인근 전주비빔밥 맛집으로는 전주 군청 직원들이 추천하는 경기전 근처의 종로 회관이 있다. 19가지 신선한 재료로 만들어 내는 이곳의 비빔밥은 전주에 온 이유를 깨닫게 해 줄 정도로 맛깔스럽다.

문의 063-288-4578 | **대표 메뉴** 육회 비빔밥 12,000원

전주 중앙 회관, 가족 회관, 고궁

한옥 마을 인근은 아니지만, 맛집으로 유명한 곳으로는 전주 우체국 근처의 40년 전통의 전주 중앙 회관(문의 063-288-9688/ 대표 메뉴 전통 비빔밥 10,000원, 육회 비빔밥 12,000원)과 가족 회관(문의 063-284-2884/ 대표 메뉴 비빔밥15,000원) 그리고 식당 안에 작은 비빔밥 박물관까지 갖추고 있어 외국인들에게 특히 인기가 있는 고궁 본점(문의 063-251-3211/ 대표 메뉴 전통 비빔밥 11,000원)이 있다.

한벽루

한벽루는 오래전부터 전주 한정식을 대표하는 식당으로 전통문화 센터 내에 있다. 모든 음식을 맞춤 유기에 담아내는 고급 한정식의 정수를 보여주는 곳으로 4인 기준 한 상 차림을 주문하면 서른 가지 이상의 찬이 나온다. 한정식은 예약 필수.

문의 063-280-7003, 월요일 휴무 | **대표 메뉴** 비빔밥 10,000원, 한정식 120,000원~

백번집

풍성한 상차림을 기대한다면 4인 한 상 차림의 한정식을 추천한다. 이런 상차림을 잘하는 곳이 백번집과 양반가다. 백번집은 한옥 마을에서 도보로 약 30분 정도 떨어진 차이나타운 입구에 있다. 예약하지 않으면 이용하기 어려울 정도로 유명한 곳이다.

문의 063-286-0100 | **대표 메뉴** 4인 기준 한정식 100,000 원~

양반가

전주 한옥 마을 내에 있는 한정식집으로 게장이 맛있기로 유명하다.

문의 063-282-0054 | **대표 메뉴** 4인 기준 한정식 60,000원/ 참게장 정식 18,000원

★ 커플 여행객을 위한 맛집

전주 한옥 마을에는 양반가를 비롯해 맛있는 한정식집이 많다. 하지만 많은 한정식집이 4인을 기준으로 판매하기에 커플 여행객이라면 부담스러운 것이 사실이다. 이럴 때 찾으면 좋은 곳이 한옥 마을 안에 몇 곳 있다.

다문

거창한 한 상 차림은 아니지만, 인공 조미료를 쓰지 않고 깔끔한 전라도 가정식 백반을 내는 것으로 유명하다. 다문은 하루 전 예약은 필수다.

문의 063-288-8607 | **대표 메뉴** 가정식 백반 10,000원

전주향

전주 한옥 마을 안에 있는 전주향은 참게장 정식으로 유명한 곳이다. 깔끔한 밑반찬과 참게장의 달콤 짭조름한 맛이 일품이다.

문의 063-284-2588 | **참게장 정식** 10,000원

★ 한옥 마을 숙박

전주 한옥 마을에서 꼭 해 봐야 할 체험 중 하나가 한옥 체험이다. 전주 한옥 마을에는 각각의 특징을 가진 여덟 채의 고택에서 한옥 체험을 할 수 있다.

전주 한옥 생활 체험관

손재주가 좋은 직원들이 멋스럽게 꾸며 놓은 이곳은 숙박하지 않는 사람들도 전주 한옥 마을의 필수 관람 코스로 여길 만큼 볼거리가 많은 곳이다. 아침 식사로 유기에 담긴 전통 한식이 나온다.

문의 063-287-6300 | **요금** 2인 기준 일반실 70,000원(조식 포함)

학인당

조선 시대 상류 주택의 아름다움을 온몸으로 느껴 볼 수 있는 곳으로 백범 김구 선생이 묵었던 곳으로도 유명하다. 다도와 명상 체험이 가능한 곳이다.

문의 063-284-9929 | **요금** 2인 기준 일반실 90,000원(조식 불포함)

동락원

전주 음식 문화를 테마로 한 동락원은 아름다운 정원을 가진 한옥으로 비빔밥 체험을 할 수 있다.

문의 063-287-2040 | **요금** 2인 기준 행랑채 60,000원(조식 포함, 자전거 무료 대여)

양사재

전주 향교의 부속 건물로 서당 공부를 마친 청소년들이 생원 · 진사 시험공부를 하던 곳이다.

문의 063-282-4959 | **요금** 2인 기준 일반실 50,000~60,000원 | 조식 포함

풍남헌

전통 다도 체험과 녹차 만들기 체험을 할 수 있다.

문의 063-286-7673 | **요금** 2인 기준 일반실 60,000~70,000원(조식 불포함)

★ 체험 프로그램

전통 술 박물관(문의 063-287-6305)에서는 박물관에서 직접 빚은 가양주를 시음해 볼 수 있는 전시 체험 행사를 수시로 진행한다. 체험 행사에 참가하고 싶다면 방문하기 전에 문의해 보자.

공예 공방촌 지담(문의 063-231-1253)에선 한지 부채, 꽃 접시, 한지 조명 등을 직접 만들어 볼 수 있는 체험 프로그램을 운영하고 있다.

전주에서 전통의 향기에 취하고 싶다면 전주 전통문화센터(문의 063-280-7000)로 가 보자. 판소리 · 춤 · 타악 연주 등 체험 프로그램을 운영하고 있다. 방문하는 시기에 운영하는 체험 프로그램이 없다면 상설 운영하는 국악 연주를 듣고만 와도 좋다.

★ 교통

전주 고속, 시외버스 터미널이나 전주역에서 79번 시내버스 이용 후 풍남문 앞이나 전동 성당 앞 버스 정류장에서 하차한 후 도보 2~3분만 걸으면 한옥 마을과 이어진다.

소요 시간 약 15~20분

★ 도시 간 이동

기차를 이용한다면 용산역에서 전주행 기차를 이용하는 것이 좋다. 서울역에서 탈 때 환승해야 한다.

고속버스를 이용할 때는 강남 고속버스 터미널에서 전주행 버스를 이용하는 것이 편하다.

기차 소요 시간 KTX 약 2시간 15분, 무궁화호 약 3시간 20분 | **고속버스 소요 시간** 2시간 45분 | **문의** 전주역 063-243-7788, 전주 고속버스 터미널 063-277-1572, 철도청 1544-7788 | **홈페이지** www.korail.com

★ 추천 코스

당일 추천 코스

전주 한옥 마을 인근, 즉 한옥 마을과 경기전, 전동 성당, 풍남문 일대를 돌아보고 식사를 하고 차를 마시는 데만 최소 4~5시간이 걸린다. 여기에 한두 가지의 체험을 곁들인다면 하루 온종일 한옥 마을에만 있어도 시간이 모자란다.

풍남문 – 전동 성당 – 경기전 – 교동 아트 – 성심 여·중고 골목(베터리) – 학인당 – 강암 서예관 – 비빔밥이나 한정식으로 점심 – 공예 체험관 지담 – 술 박물관 – 전주 생활문화 체험관 – 공예 명인관 – 오목대

1박 2일 추천 코스

대중교통으로 여행할 때는 반드시 숙소에 짐을 먼저 풀어놓고 여행을 시작하는 것이 좋다. 전주 한옥 마을 숙박지에 짐을 풀어놓은 후 한옥 마을을 둘러보고, 밤에는 상다리가 부러지도록 나오는 안주에 달큰한 막걸리 한 사발의 매력에 빠져 보자. 막걸리 한 주전자를 주문하면 스무 가지가 넘는 반찬이 상다리가 부러지도록 나온다.

전주의 인심을 확인할 수 있는 막걸리 골목은 삼천동, 평화동, 경원동 등에 있다. 이 중 삼천동이 가장 유명하며, 삼천동 막걸리 골목에선 용진집(문의 063-224-8164)이 오래되었다.

아침 식사를 하기 좋은 곳으로는 풍남문 인근에 위치한 남문 시장의 콩나물 국밥이 있다. 콩나물 국밥과 함께 술지게미에 대추, 생강, 흑설탕, 계피를 오랜 시간 끓여 낸 전주의 독특한 해장술인 모주를 한잔한다면 남다른 추억이 될 것이다. 남부 시장 내 유명한 맛집으로는 현대옥(문의 063-228-0020/ 대표 메뉴 콩나물국밥 6,000원)이 있다.

숙박 체험지에서 짐 풀기 – 오목대 – 공예 체험관 지담 – 술 박물관 – 전주 생활문화 체험관 – 공예 명인관 – 한정식이나 비빔밥으로 점심 – 전통 찻집에서 전통차 체험 – 한방 문화 센터 한방약족탕 체험 – 경기전 – 전동 성당 – 삼천동 막걸리 골목 – 숙박 – 남문 시장 콩나물 국밥과 모주로 해장 – 풍남문 – 덕진 공원(7월 말, 8월 초에 연꽃 개화)

★ Travel Tip

여름에 전주를 찾는다면 덕진 공원에 들러 보자. 연꽃으로 유명한 공원으로 밤이 되면 하연지라 불리는 전망대에 조명이 들어오고, 연꽃과 어우러져 그 풍취가 뛰어나다.

전주 한옥 마을 카페 열전

커플 여행에서 분위기 있는 카페나 맛과 멋을 갖춘 아름다운 인테리어의 레스토랑은 관광지 못지않게 중요한 역할을 한다. 특히 여자들에게 있어 멋있는 카페에서 연인과 함께하는 차 한잔의 추억은 그날의 힘들었던 일정을 모두 잊거나 더욱 아름답게 기억하게 하는 힘이 있다. 전주의 삼청동으로 불리는 전주 한옥 마을에는 세련된 카페와 와인 바, 전통과 현대미가 적절하게 조화된 전통 찻집까지 다양하게 자리하고 있다. 전주 한옥 마을로의 카페 여행을 떠나 보자.

◉ 고신

고신은 전주 한옥 마을을 대표하는 전통 찻집 중 하나로 드라마 〈단팥빵〉의 촬영지이기도 하다. 한옥에 현대적인 건축미를 가미해서 아늑하면서도 세련되었다. 감미로운 향기가 가슴 깊이 스며드는 고신차를 마실 수 있는 이곳은 한 번 발길 하면 계속 찾게 되는 마력을 가진 카페다. 경기전 앞 태조로를 따라 내려가면 우측에 있다.

* 문의 063-232-8922

◉ 철문 카페

이름도 없고, 간판도 없는 카페. 그런데도 묘하게 눈길을 끄는 카페의 외관은 전주 한옥 마을에 어울리지 않는 듯하지만, 또 묘하게도 잘 어울린다. 커다란 철문이 인상적인 곳으로 일명 철문 카페로 불린다. 현대와 전통의 미가 절묘하게 어우러진 인테리어로 젊은 사람에게 큰 반향을 끌어내고 있는 곳이다. 카페의 이름을 숨겨 더욱 유명해진 이 카페의 숨겨진 이름을 알고자 한다면 카드사로 조회해 보는 수밖에 없다. 하지만 이름 없는 카페가 더 좋은 듯하다. 중국의 국견으로 불리는 사자 머리의 차우차우가 카페 한구석에서 낮잠을 자는 신기한 모습을 볼 수 있다.

* 위치 풍남동 3가 73-2

⊙ 교동 다원과 달새

한옥 마을 곳곳에는 고풍스러운 전통 찻집이 수줍은 듯 숨어 있다. 이 중 예전부터 사람들의 사랑을 받아 오고 있는 곳으로 교동 다원이 있다. 교동 다원은 오래된 한옥의 향취가 가득한 곳으로 몸 안의 묵은 기운을 씻어 준다는 황차가 유명하다. 주인의 인심이 담뿍 느껴지는 유기농 밀과자를 차와 함께 제공한다.

전주 한옥 마을 공예품 전시장 맞은편에 있는 작은 전통 찻집 달새. 미술을 전공한 주인의 손길이 작은 찻집 구석구석에 배어 있는 향기 있는 찻집이다.

* 교동 다원_ 문의 063-282-7133

* 달새_ 문의 063-287-2336

⊙ The Story

경기전 돌담길을 따라가다 보면 만날 수 있는 The Story는 비교적 저렴한 가격에 맛있는 커피를 마실 수 있는 분위기 있는 커피숍이다. 로맨틱한 하트가 떠 있는 카페 라떼와 하얀 크림이 가득 올려진 카페 모카 등 맛있는 커피를 캐주얼한 기분으로 즐길 수 있는 곳이다. 주위에 교동 아트 센터와 최명희 문학관이 있다. 경기전 동문 맞은편.

* 문의 063-282-9247

경포호 여행

어느 도시에 가든, 그 도시의 시내버스를 타면 현지 사람들의 삶 속으로 한 발쯤 더 들어가 볼 수 있다. 특히 강릉은 이러한 특별한 경험을 하기 좋은 곳으로 대표적인 관광지들인 오죽헌, 선교장, 경포대, 경포호, 참소리 박물관, 경포 해수욕장을 강릉 버스 터미널 앞에서 202번 시내버스로 모두 돌아볼 수 있다. 덜컹거리는 시내버스에 몸을 싣고 5,000원권 지폐에 새겨진 오죽헌을 사진처럼 똑같이 재현해 보고, 연꽃이 아름다운 활래정을 품은 선교장에서 한옥의 아름다움에 감탄하며, 다섯 개의 달을 볼 수 있는 경포대의 절경과 철새들의 고향인 경포호에서 자전거 하이킹을 즐기며, 참소리 박물관에서 에디슨 축음기로 백여 년 전의 음악에 젖어 본 후, 아름다운 해송으로 둘러싸인 경포 해수욕장에서 산책을 즐겨 보자.

신사임당과 율곡 이이의 생가

202번 시내버스를 타고 경포로를 달리다 제일 먼저 만나게 되는 곳은 오죽헌이다. 오죽헌은 5만 원권 화폐의 인물로 선정된 한국을 대표하는 여류 예술가 신사임당(1504~1551)과 당대 최고의 학자이자 재상이었던 율곡 이이(1536~1584)의 생가로

INFORMATION ★ ★ ★ ☆

오죽헌

문의 033-640-4457
시간 08:00~18:00(하절기), 08:00~17:30(동절기)
　　　1월 1일, 설날, 추석 휴관
관람료 성인 3,000원

선교장

문의 033-646-3270
시간 09:00~18:00(하절기), 09:00~17:00(동절기)
　　　설날, 추석 휴관
관람료 성인 3,000원

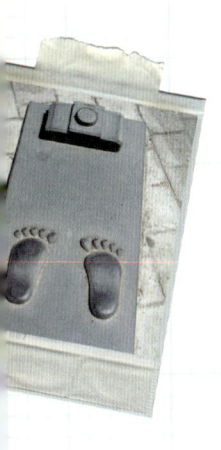

　　보물 제165호다. 조선 시대 초기 유명한 문신이자 신사임당의 외고조에 해당하는 최치운(1390~1440)이 지은 별당인 오죽헌은 현재 지폐 오천 원권의 한 면을 차지하고 있다. 오죽헌의 넓은 광장 한쪽 바닥에는 오천 원권에 나온 구도 그대로의 사진을 찍을 수 있는 표지석이 있어 여행객들에게 재미있는 추억을 선사한다. 깔끔하게 정비된 오죽헌 안에는 율곡 이이가 태어난 몽룡실과 율곡의 사당인 문성사, 율곡과 신사임당, 신사임당의 재능을 그대로 물려받았다고 전해지는 맏딸 매창과 재동으로 이름을 떨쳤던 막내아들 이우 등, 율곡 일가의 유품 전시관인 율곡 기념관, 오천 원권에 그려진 율곡 이이가 어릴 적 사용하였던 벼루인 용연이 보관되어 있었던 어제각(현재는 율곡 기념관에 전시), 향토 박물관, 강릉 시립 박물관 등 많은 볼거리가 있다. 오죽헌에서 충실한 시간을 보낸 후 202번 버스에 다시 몸을 실으면 1.5*km* 떨어진 선교장까지는 10분 내로 이동할 수 있다.

한국 사대부가의 전형적인 건축미를 지닌 선교장

　　2000년에 KBS에서 선정한 '20세기 한국 TOP 10'에서 유일한 고택으로 선정되었을 정도로 한국 사대부가의 전형적인 건축미를 보여 주는 선교장은 약 300년 전 경포호의 둘레가 12㎞에 이를 때 지어졌다. 아름다운 고택 앞으로 청정한 경포호가 펼쳐지고, 집 뒤로는 울창한 소나무 숲이 감싸고 있으니 선교장이 얼마나 아름다웠을지 능히 짐작할 수 있다. 선교장이란 이름 또한 고택으로 들어가기 위해선 배를 이용해야 했기에 붙여진 이름이다. 선교장은 안채와 사랑채인 열화당, 동별당, 정자인 활래정 등으로 구성되어 있는데, 이 중 연꽃에 둘러싸인 여름의 활래정과 하얀 눈 속에 파묻힌 선교장의 선경, 동서양 건축의 아름다움을 모두 보여 주는 열화당의 풍취가 뛰어나다. 현재 다양한 체험 프로그램을 운영하는 전통문화 체험관을 운영하고 있으며, 숙박도 가능하다.

사계절 모두 아름다운 경포호 즐기기

　　202번 버스의 선교장 다음 정거장인 경포호 주위로는 경포대, 참소리 박물관, 경포 해수욕장, 허난설헌 생가, 초당 순두부 마을이 모두 모여 강릉 여행의 중심을 이루고 있다. 봄의 벚꽃과 여름의 버드나무, 가을의 갈대, 겨울의 철새로 사계절

01 경포호 마차형 커플 자전거 02 조암 03 경포대
해수욕장 산책길 04 경포호 05 참소리 박물관

경포호 입구 주차장 근처 버스 정류장에서 하차 후 도보나 자전거로 경포호를 한 바퀴 돌면서 경포대, 참소리 박물관, 경포 해수욕장을 둘러볼 수 있다. 하지만 초당 순두부 마을은 경포호 산책로에서 강문쪽 해변으로 나가 20~30분 정도 걸어야 한다. 허난설헌, 허균 생가는 초당 순두부 마을 인근에 있다.

모두 아름다운 경포호를 즐기기에는 자전거 하이킹이 제격이다. 특히 연인과 함께할 수 있는 마차형 자전거가 있어 편안하고 즐거운 하이킹을 즐길 수 있다.

경포호 입구 삼일 운동 기념탑이 있는 주차장에는 관광 안내소와 자전거 대여소가 있다. 이곳 자전거 대여소에서는 특별히 커플들을 위한 자전거를 대여하는 데 노란 지붕이 씌워져 있어, 시원하고 편안하다. 이 자전거를 타고 연인과 함께 보조를 맞추며 천천히 4km에 이르는 경포호 산책길을 달리다 보면 왼편으로 관동팔경의 제1경인 경포대가 제일 먼저 눈에 띈다. 경포호와 경포 해수욕장이 한눈에 바라다보이는 절묘한 위치에 자리한 경포대에는 다섯 개의 달이 뜬다고 한다. 하늘의 달, 호수에 뜨는 달, 바다에 뜨는 달, 술잔에 뜨는 달, 님의 눈동자에 뜨는 달로 과거 이곳을 찾아 술과 사랑, 풍류를 즐겼을 시인 묵객들의 그윽한 낭만을 느낄 수 있다.

과거 경포호가 지금보다 규모가 훨씬 컸을 때에는 아름다운 경포호를 감상하기 위해 12개나 되는 누각이 있었다 한다. 하지만 아쉬워할 것은 없다. 현재의 경포호에는 과거에는 없었던 조각 공원이 있으며, 아직까지 작은 정자와 함께 호수 중앙 넓은 바위 위에, 송시열이 조암이라고 쓴 글씨가 남아 있는 새바위가 있어 호수의 풍취를 더하고 있다. 또한 에디슨이 최초로 만든 축음기, 뮤직박스, 오디오 등 세계적으로 희귀한 소리 기기 4,500점이 전시된 참소리 박물관이 주변에 있다. 참소리 박물관(문의 033-655-1130/ 09:00~18:00(동절기 17:00)/ 요금 성인 7,000원, 중고생 6,000원, 어린이 5,000원)은

한번쯤은 들러볼 만한 곳으로, 세계적으로 희귀한 에디슨 축음기를 다수 갖추고, 안내원이 직접 설명과 연주를 해 주는 살아 있는 박물관이다. 자전거를 타고 호수를 1/4 정도 돌다 보면 왼편으로 보인다. 참소리 박물관을 지나 호수 바람을 맞으며 자전거 페달을 밟다 보면 금세 경포 해수욕장이 보인다. 경포 해수욕장은 설명이 필요 없을 정도로 유명한 해변으로 깨끗한 백사장과 맑고 투명한 바다, 해변을 아늑하게 감싸는 4km에 이르는 해송 숲으로 이루어져 있다. 한때 무분별한 개발로 과거의 청정한 면모를 잃기도 했었지만 최근 들어 과거의 아름다운 해송 숲을 되살렸다.

　　　해송 숲 사이로는 깔끔한 나무 데크 산책길을 만들어 놓아 푸르디푸른 동해를 바라보며, 연인과 산책을 즐길 수 있는 최고의 데이트 장소로 떠오르고 있다. 경포 해수욕장을 지나 자전거를 달리다 보면 경호교를 지나게 된다. 경호교를 지나면 산책로 우측으로 홍길동전을 기반으로 한 조형물들이 이야기의 흐름에 따라 해학적이고, 예술적으로 구성되어 있다. 깜찍한 사진을 찍기에 좋은 장소여서, 곳곳에서 카메라를 든 사람들이 즐거운 웃음 짓는 것을 볼 수 있다.

★ 맛집

삼교리 동치미 막국수

강릉은 먹을거리가 많은 곳이다. 하지만 수십 번을 가도 빠뜨리지 않고 먹게 되는 것이 있으니, 바로 동치미 막국수다. 고소한 김과 깨소금으로 맛을 낸 메밀국수에 육수가 아닌 살얼음이 살짝 낀 시원한 동치미 국물로 맛을 낸 삼교리 동치미 막국수(6,000원)의 맛은 그야말로 감동이다. 함께 먹으면 좋을 수육(小 17,000원)은 기름기를 쏙 뺀 담백하고 고소한 맛으로 유명하다. 강릉 시내에선 교동점(문의 033-642-3935)이 가장 찾아가기 쉽다.

초당 할머니 순두부

경포호 근처에 있는 초당 순두부 마을은 키 큰 해송 숲속에 20여 호의 순두부 집들이 모여 형성된 음식 마을이다. 순두부 마을의 모든 순두부 음식점은 국산 콩에 간수를 바닷물로 사용해 담백하고 깔끔한 순두부를 만들어 내고 있다. 강릉 순두부는 맵고 자극적인 서울 순두부와 다르게 순두부 자체의 순수한 맛을 위해 하얀 순두부에 간단한 간장 양념만 해서 먹는다.

초당 순두부 마을의 모든 음식점이 보통 수준 이상의 맛을 내지만 초당 할머니 순두부집만큼은 논쟁의 여지 없는 맛을 내는 것으로 유명하다. 일본의 NHK, 후쿠오카 TNC 및 각종 국내외 매체의 집중 조명을 받았다. 시간만 잘 맞추면 순두부를 직접 만드는 것을 볼 수도 있다.

문의 033-652-2058 | **시간** 07:00~20:00 | **휴무일** 설날, 추석 | **대표 메뉴** 순두부 백반 6,000원

★ 교통

강릉 터미널 바로 앞 버스 정류장에서 202번 시내버스를 이용하면, 오죽헌, 선교장, 경포대(20분 소요), 참소리 박물관, 경포 해수욕장을 갈 수 있다.

★ 숙박

펜션 휴심

강릉 관광 안내소 직원들이 추천하는 숙박지로 경포대 바로 옆에 있다. 초가집, 기와집, 황토 통나무 귀틀집, 너와집 등 한옥을 테마로 한 펜션으로 강릉을 찾는 외국인에게도 인기가 많은 곳이다.

황토와 두꺼운 철판으로 만든 야외 바비큐 장소를 잘 조성해 놓아 음식을 준비해 가면 야외에서 시골의 정취를 한껏 느끼며 고구마, 감자도 구워 먹고, 삼겹살 만찬도 즐길 수 있다.

문의 033-642-5075 | **요금** 비수기 2인실 침대방 주중 50,000원, 주말 60,000원

MGM 호텔

경포대 해수욕장 근처의 MGM 호텔은 해수 사우나와 해수 노천탕, 24시간 찜질방을 보유한 저렴하고 깨끗한 호텔이다.

문의 033-644-2559 | **요금** 비수기 2인실 주중 66,0000원, 주말 77,000원

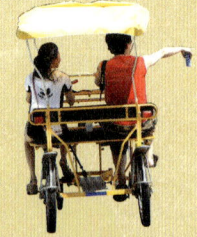

안목 카페촌

강릉시의 안목 해변은 맑고 푸른 동해를 바라보며 그윽한 커피 한잔의 여유를 누릴 수 있는 곳이다. 안목 해수욕장에서 안목 해안 도로를 따라 안목항까지의 멋진 해안 도로변에는 이런 여유를 즐길 수 있는 멋진 카페들이 있다. 과거 아름다운 동해의 비경을 감상하려는 사람들에게 자판기 커피 한 잔씩을 팔던 것이 시초가 되어 이곳에 카페촌이 만들어진 것이다.

하지만 카페촌이라고 해도 미사리 카페촌과 같은 번잡함은 없다. 시선의 앞뒤 좌우로 거칠 것 없는 곳에 자리한 카페들은 파란 바다와 초록이 싱그러운 송림 사이에서 여유롭게 자리하고 있다. 안목 카페촌에서 유명한 카페들로는 안목 해수욕장 바로 앞에 있는 카페 네스카페와 안목 해수욕장에서 안목항으로 가는 해안 도로변에 있는 엘빈, 모래에 쓰는 편지 등이 있다. 이 중 네스카페는 안목 해수욕장의 중심인 안목 일출 공원 바로 앞에 있어서 특히 인기가 있다. 하얀 목조 건물 위로 남미풍의 그림이 인상적으로 그려져 있어 많은 디카족의 플래시 세례를 받기도 하다. 조용한 바닷가에서 그윽한 커피 향에 취하고 싶은 연인들은 안목으로 가자.

⊙ 카페 정보

강릉 터미널에서 202-1번 안목행 시내버스 이용. 시간이 맞지 않을 때는 시내로 나와 222번 시내버스를 이용하면 된다. 경포 해수욕장에서 가까우므로 경포에서 안목으로 넘어올 경우는 택시를 이용하는 것이 좋다.

* **커퍼 커퍼_** 위치 강원 강릉시 견소동 268-10/ **문의** 033-653-0100/ **시간** 09:00~새벽 1:00/ 카페라테 3,500원

* **엘빈_** 위치 강원 강릉시 견소동 163/ **문의** 033-651-2442/ **시간** 10:00~새벽 2:00/ 카페라테 4,000원

* **모래 위에 쓰는 편지_** 위치 강원 강릉시 견소동 158/ **문의** 033-652-6987/ **시간** 09:30~새벽 1:00/ 카페라테 3,500원

안목 해안 도로변에는 여유를 즐길 수 있는 멋진 카페가 있다.

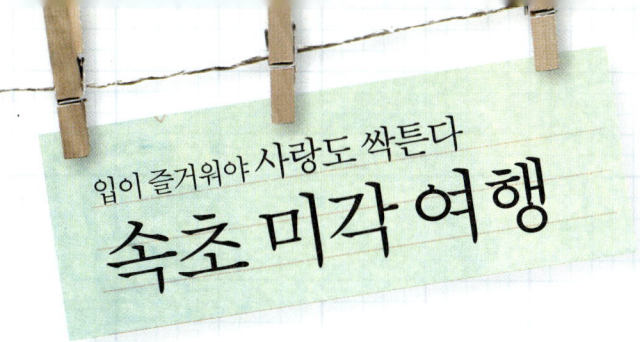

입이 즐거워야 사랑도 싹튼다

속초 미각 여행

속초는 항이다. 그것도 동해를 대표하는 어항이다. 어항의 특성상 활어를 이용한 음식이 발달했을 뿐 아니라 6·25 때 피난 온 피난민들 탓에 북한 음식, 그중에서도 함경도 음식이 유명하다. 속초를 대표하는 먹을거리로는 활어회와 물회, 오징어순대, 아바이순대, 함흥냉면, 가자미, 명태 식해, 순두부 등이 있다. 대포항에서 신선한 회로 배를 든든히 채우고 청초호에서 자전거 하이킹을 하고 아바이 마을과 중앙동에서 허리띠를 풀어 보자. 잠시 관광에 대한 강박 관념을 벗어 던지고 속초로의 미각 여행을 즐기는 것도 기억에 남을 만한 커플 여행이 될 것이다.

언제나 활기 가득한 속초의 관문, 대포항에서의 활어회 만찬!

속초에서 회를 즐기기 좋은 곳으로는 대포항, 동명항, 장사항 등이 있다. 이 중 동명항은 등대 전망대가 있는 곳으로 새벽 항의 모습이 활기차며, 일출이 아름답다. 장사항은 시내에서 조금 떨어진 곳에 위치해 깨끗하고 조용하며 현지인들이 많이 이용하는 곳이다. 하지만 관광객으로서의 볼거리와 먹을거리가 같이 공존하는 곳으로는 대포항이 최고다. 속초 여행의 필수 코스로 떠오르는 대포항은 활어와 길거리

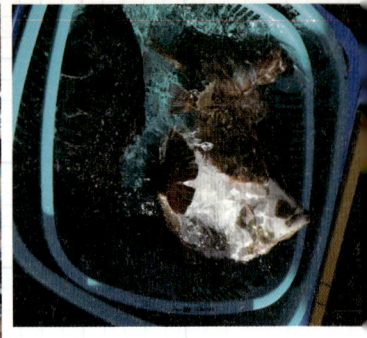

INFORMATION ★★★★☆

위치 강원도 속초시 대포동
요금 무료
속초시 관광 안내소 033-639-2568

포장마차에서 파는 새우튀김, 오징어순대가 유명하다. 대포항에선 새벽 5~7시가 되면 수십 척의 어선들이 들어와 펄펄 뛰는 활어를 내려놓고 가는 것을 구경할 수 있다. 대포항 변을 따라 조성된 작은 골목에 진입하면 초입에는 침이 꿀꺽 넘어갈 만큼 맛깔스럽게 튀긴 새우튀김을 산처럼 쌓아 놓고 파는 새우튀김 좌판들이 늘어서 있으며, 이 튀김 골목이 끝나는 지점부터 왼쪽으로는 대형 횟집들이, 오른쪽으로는 허름한 포장마차형 좌판에서 회를 파는 난전들이 이어져 있다. 난전들은 각각 활어를 대는 어선의 이름을 걸고 장사를 하는데, 원하는 활어를 바구니에 직접 골라 담아 주인과 잘 흥정하면 된다. 흥정한 회는 바로 손질되어 나오는데 채소는 따로 구매해야 하며, 매운탕이 먹고 싶으면 추가 요금을 내면 된다.

활어회를 좋아하지 않는다면 대포항의 또 다른 명물인 새우튀김에 도전해 보자. 노릇노릇한 튀김옷을 입은 싱싱한 새우튀김의 고소한 맛은 잊기 힘든 감동이다.

대포항 주차장에서 설악 해맞이 공원까지 해안 산책로가 매우 잘 조성되어 있다. 대포항에서 활어회를 즐긴 후, 시원한 바닷바람을 맞으며 연인과 함께 다양한 테마를 가진 조각상이 서 있는 연인의 길, 행복의 길, 사랑의 길 등 예쁜 이름을 가진 왕복 30분의 산책길을 즐겨 보자.

엑스포 타워 전망대에서의 야간 데이트와 청초호 자전거 하이킹

둘레가 5km나 되는 청초호는 철새들의 고향이자 속초 시내의 중심을 잡고 있는 공간이다. 이 청초호 변에 엑스포 공원이 있다. 1999년 관광 엑스포를 위해 조성된 엑스포 공원에는 73.4m의 엑스포 타워를 중심으로 도보 산책로와 자전거 산책로가 잘 조성되어 있으며, 자전거, 인라인, 오토바이를 대여할 수 있는 곳이 곳곳에 있다. 호수 주위를 걸으며 철새들과 주위 경관을 감상하거나 자전거 하이킹을 즐기기에 좋은 장소로 속초 시민과 연인들의 데이트 코스로 사랑받고 있다. 엑스포 공원의 명물인 엑스포 타워에선 청초호와 설악산, 속초 시내 및 동해가 360도 파노라마가 되어 눈앞에 펼쳐진다. 낮에도 아름답지만 야경이 더욱 좋아, 야간 데이트 코스로 주목받고 있다.

엑스포 타워 앞에는 강원도 관광 안내 센터가 있다. 많은 관광 자료를 이곳에서 무료로 얻을 수 있다.

갯배 타고 아바이 순대와 함흥냉면 먹으러 아바이 마을로

      청초호 변에 있는 아바이 마을은 실향민들의 마을이자, 드라마 〈가을동화〉의 흥행 이후 속초 관광의 핵심이 된 곳이다. 송혜교가 타고 다녔던 무동력선인 갯배 체험은 〈가을동화〉의 인기를 타고 수많은 외국인 관광객을 불러들일 정도로 시선을 한몸에 모았다. 하지만 2000년 가을에 방영한 〈가을동화〉의 인기에만 의존해 아바이 마을이 유명해진 것은 아니다. 아바이 마을에는 아직도 망향의 한을 간직한 아바이들이 살고 있으며, 그들이 고향에서 먹었던 음식을 파는 맛집들이 있어 사람들은 아바이 마을을 잊지 않는다. 아바이 마을은 6·25 동란에 피난 온 함경도 사람들이 허허벌판 모래톱 위에 임시 움막을 지었던 것이 시초가 되었다. 잠시 지낼 생각으로 지었던 움막이 60년이 지난 현재의 아바이 마을이 되었으니 아바이 마을이 품고 있는 슬픔을 외면하기는 어렵다.

      과거에는 현재의 중앙동과 아바이 마을(청호동)이 이어져 있었다. 그것을 일제 강점기 청초호에서 외항으로 나가는 길을 만들기 위해 물길을 파 폭 50m의 물길이 생기게 된 것이다. 현재 아바이 마을이 있는 청호동과 중앙동까지는 갯배로 불과 5분이 걸리지 않는다. 이 두 마을 사이를 굵은 철줄로 이어 놓고 갯배를 운행하는 것이다. 이 정겨운 물길을 오가는 갯배(승선료 200원/운행 시간 04:30~23:00)는 갯배에 오른 사람들이 움직여 운행한다. 제법 커다란 쇠걸개로 철줄을 잡아당기면 큰 힘 들이지 않고 배는 나아간다. 아바이 마을은 갯배와 은서네 슈퍼를 제외하곤 별다른 볼거리는 없다.

하지만 아바이 순대 맛집인 단천 식당(문의 033-632-7828/ 시간 06:00~20:30 연중무휴/ 아바이 순대 小 10,000원, 명태회 냉면 7,000원), 〈가을동화〉에서 은서 엄마와 유미가 식사하던 장소였던 다신 식당(033-633-3871/ 모둠 순대 20,000원) 같은 이북 음식 맛집들이 많아 관광객들의 발길이 끊이지 않는 곳이다. 유명하다는 곳이 뜻밖에 별맛 없을 확률이 높은 요즘, 단천 식당은 그 이름값을 톡톡히 하는 곳이다. 함경남도 단천에서 내려온 윤복자 할머니의 손맛이 그대로 담겨 있는 두툼한 아바이 순대와 명태회 냉면은 명불허전이다.

아바이 마을의 바닷가 쪽에 있는 다신 식당은 아바이 순대와 냉면으로 유명하다. 가자미식해는 함경도 음식으로 싱싱한 가자미를 메조 밥과 양념, 무를 섞어 버무린 후 숙성하여 만드는 대표적인 함경도식 반찬이다. 우리가 생각하는 찹쌀이 동동

01 단천식당의 명태회 냉면 02 단천식당의 아바이 순대
03 고등어 구이 04 진양횟집 오징어순대 05 대포항 새우튀김

떠 있는 달콤한 전통 음료가 아니다. 함경도 출신 주인장들의 손맛으로 담근 가자미식해는 아바이 마을에서만 맛볼 수 있는 별미다. 대표적인 가자미식해 맛집으로는 김송순 아마이 젓갈(문의 033-632-6908)이 있다.

　　　속초의 상징이라고 할 수 있는 오징어순대는 함경도 음식으로 작은 오징어에서 내장을 빼고 오징어 다리와 채소를 잘게 썰어 볶은 것과 무친 시금치, 찰밥, 양념 등을 넣고 속을 채워 만든다. 슬프게도 요즘은 속초에서도 손으로 만든 오징어순대를 맛보기 어려운 실정으로 대부분의 오징어순대들이 공장에서 만들어진다. 하지만 진짜배기 오징어순대를 맛볼 수 있는 곳이 중앙동에 있다. 아바이 마을 건너편, 즉 아바이 마을에서 갯배를 타고 건너면 바로 나오는 중앙동에 속초에서 오징어순대로 가장 명성이 높은 진양 횟집(문의 033-635-9999/ 오징어순대 두 마리 13,000원)이 있다. 식당에서 오징어순대를 주문하면 한정식집처럼 푸짐하고 깔끔한 한 상이 차려져 나온다.

중앙동에는 진양 횟집을 제외하고도 속초를 대표하는 맛집들이 즐비하다. 특히 중앙동 갯배 내리는 곳 근처에 밀집되어 있다. 참가자미 물회로 유명한 송도 횟집(문의 033-633-4727/ 물회 10,000원)과 바로 인근에 위치한 '88 생선구이'(문의 033-633-8892/ 생선구이 20,000원), 갯배 내리는 곳 정면에 있는 '갯배 싱싱 생선구이 조림 전문점'(문의 033-631-4279/ 모둠 생선구이 10,000원)이 대표적이다. 모두 갯배 내리는 곳에서 도보 5분 거리에 있다. 88과 싱싱 생선구이집은 인근 어판장에서 매일 새벽 신선한 생선을 공수해 와 제공한다. 생선구이 정식 1인분을 주문하면 대여섯 가지의 생선과 함께 간단한 밥과 반찬이 제공된다. 88 생선구이집은 20여 년의 전통을 자랑하며, 싱싱 생선구이집은 88과 다르게 생선을 구울 때 살점이 떨어져 나가는 것을 방지하기 위해 미리 살짝 구워 나와 먹기에 편하다. 또한 주인의 손맛이 남다르며 밑반찬들이 정갈하다.

갯배 선착장에서 10분 정도만 걸으면 속초를 대표하는 재래시장인 중앙 시장이 있다. 속초 중앙 시장 안에는 거대한 활어 센터와 감자 옹심이(6,000원)로 유명한 감나무집(문의 033-633-2306)이 있다.

★ 대포항 교통

1. 고속버스 터미널 길 건너 버스 정류장에서 1, 1-1, 7, 7-1, 9 ,9-1번 시내버스 탑승 후 대포항 하차.(약 10분 소요, 요금 1,000원)

2. 속초 시외버스 터미널에서 길을 건너지 말고 바다가 있는 방향으로 약 2~3분 걸어 내려오면 시외버스 터미널 버스 정류장이 있다. 이곳에서 1-1, 7-1, 9-1번 시내버스 탑승 후 대포항에서 하차.(소요 시간 30분)

★ 청초호 교통

1. 속초 고속버스 터미널을 등지고 오른쪽으로 200m 정도 내려가면 버스 정류장이 나온다. 이곳에서 시내행 시내버스 1, 1-1, 7, 7-1, 9 ,9-1을 타고 가다 보면 거대한 은색 탑인 엑스포 타워가 있는 엑스포 공원을 지나 청초교를 건넌다. 다리를 건너면 속초 소방서 앞이라는 안내 방송이 나온다. 속초 소방서 앞에서 하차 후 도보.

2. 속초 시외버스 터미널에서 길을 건너지 말고 바다가 있는 방향으로 약 2~3분 걸어 내려오면 시외버스 터미널 버스 정류장이 있다. 이곳에서 1-1, 7-1, 9-1번 시내버스 탑승 후 속초 소방서 앞에서 하차 후 도보.

★ 아바이 마을 교통

1. 속초 고속버스 터미널을 등지고 오른쪽으로 200m 정도 내려가면 버스 정류장이 나온다. 이곳에서 시내행 시내버스 1, 7, 9, 1-1, 7-1, 9-1번을 탄 후 시청 앞에서 하차 후 국민은행 방향으로 도보 5~10분.

2. 속초 시외버스 터미널에서 길을 건너지 말고 바다가 있는 방향으로 약 2~3분 걸어 내려오면 버스 정류장이 있다. 이곳에서 1-1, 7-1, 9-1번 시내버스 탑승 후 속초 소방서 앞에서 하차 후 도보 이동.

* **문의** 속초시 관광 안내소 033-639-2568

★ 도시 간 이동

속초는 기차역이 없다. 이에 대중교통 이용자들은 반드시 속초 고속버스 터미널이나 속초 시외버스 터미널을 이용해야 한다. 속초 시외버스 터미널 인근에는 동명항이, 속초 고속버스 터미널 인근에는 속초 해수욕장이 있으니, 동선을 생각해서 이용하는 것이 좋다.

만약 서울에서 오는 관광객이라면 서울 고속버스 터미널에서 속초 고속버스 터미널로 오는 고속버스는 2시간 30분이 소요된다. 동서울 종합 터미널에서 속초 시외버스 터미널로 오는 버스는 노선, 정차 횟수별로 소요 시간이 2시간에서 4시간까지 차이가 난다.

서울에서 속초까지 가장 빠른 시간에 도착하는 시외버스는 무정차 버스이다. 무정차 시외버스를 타면 2시간 소요된다.

엑스포 타워 야간 데이트

　엑스포 타워 전망대에 오르면 설악산과 청초호, 동해, 그리고 속초 시내가 한눈에 내려다보인다. 시원스러운 조망을 자랑하는 속초 엑스포 타워는 밤이 되면 더욱 화려해진다. 화사한 조명을 받으며 우뚝 서 있는 거대한 횃불 모양의 타워는 그 자체로도 예술품이지만 전망대에서 바라보는 속초의 야경은 고품격 조명 예술이라고밖에 말할 수 없다. 아름다운 조망으로 유명한 홍콩의 야경과 견줄 만하다. 동해의 수평선 끝에는 오징어잡이 배들이 밝히는 불빛이 점점이 떠 있고, 붉고 푸르게 빛나는 청호대교와 속초 시내의 현란한 불빛이 어우러진 청초호와 동해, 그리고 설악산의 비경은 잊지 못할 추억을 선사한다.

위치 강원도 속초시 조양동 1545-1/ 문의 033-637-4504~5/ 시간 9 :00~21:30(여름 성수기에는 1시간 연장)/ 요금 어른 1,500원(엑스포 타워 전망대 입장료)

엑스포 타워에서 바라다보이는 푸른 청초호

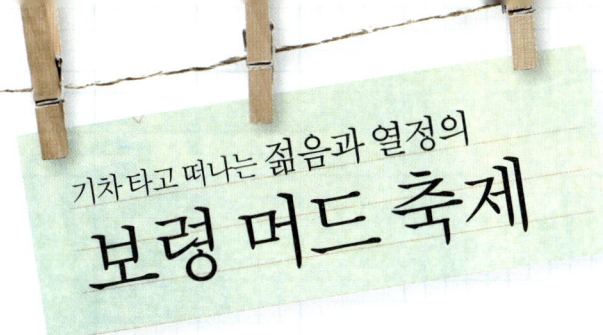

여름철 대천 기차역은 20대 젊은이들이 뿜어내는 열기로 터질 듯하다. 국내 유일의 조개껍데기 백사장에서 펼쳐지는 보령 머드 축제를 즐기기 위한 이들 때문이다. 영화제와 음악 축제를 제외하곤 유일하게 젊은이들에게 폭발적인 호응을 얻는 보령 머드 축제는 젊음의 열기로 뜨겁다. 보령 머드 축제엔 젊은이들을 유혹하는 재밋거리가 가득하다. 대천 해수욕장의 중심인 시민 탑 근처의 대형 머드탕에서는 온몸에 머드를 뒤집어쓴 사람들이 뒹굴며 깔깔거리고, 거대한 슈퍼 머드 슬라이더에서는 온몸에 머드를 칠한 참가자들이 바다를 향해 뻗은 거대한 슬라이더로 몸을 던지며 환호성을 지른다. 머드 씨름판에서는 예쁜 진행자의 꼬드김에 참가한 씨름꾼들이 친구와 애인의 응원을 받으며 실력과 무관한 승부를 펼친다. 승부의 관건은 운! 이렇듯 바라보기만 해도 즐거운 다양한 무료 체험 프로그램들이 시민 탑을 중심으로 곳곳에서 진행된다.

건강과 즐거움을 선사하는 보령 머드 축제

한국의 여름을 대표하는 축제가 된 보령 머드 축제장인 대천 해수욕장은 동양에서 유일한 조개껍데기 백사장으로 길이 3,500m, 폭 100m로 한국 최대 해수욕장이다.

해수욕장의 끝에서 끝이 안 보일 정도로 넓은 해변엔 온통 머드 칠을 한 사람들로 가득하다. 이들의 몸에 바른 머드는 세계 최고 품질을 자랑하는 보령 머드로 매년 7월에 열리는 보령 머드 축제는 세계 최고의 품질을 자랑하는 보령 머드를 홍보하기 위해 시작되었다. 축제의 테마는 건강과 즐거움. 테마를 그대로 살린 이 축제는 보령 머드로 건강과 즐거움을 선사하고 있다. 좋은 것은 소문이 나는 법, 이미 수십만 명의 외국인이 다녀갔을 정도로 국내뿐 아니라 국외에서도 명성을 떨치고 있다. 보령 머드 축제장을 활보하는 선 굵은 외국인들 또한 머리부터 발끝까지 보령 머드를 바르고 머드의 특별함에 젖어든다.

　　　　보령 머드 축제가 성공할 수 있었던 이유는 머드라는 특별한 소재가 있었기 때문이다. 보령 천수만 갯벌은 조개의 풍화 작용으로 만들어진 갯벌이다. 그렇기에 이곳에서 나오는 머드는 분말이 곱고 부드럽기 그지없으며, 피부의 노폐물을 제거하고 수분을 제공하는 효과가 탁월하다. 이 좋은 머드를 축제 기간에는 무료로 맘껏 즐길 수 있다.

머드를 온몸에 듬뿍 바르고 일광욕 즐기기

　　　　보령 머드 축제를 제대로 즐기려면 이 특별한 혜택인 보령 머드를 적극 활용해야 한다. 해변을 따라 늘어서 있는 파라솔에는 머드와 머드를 몸에 바를 수 있는 붓과 거울이 비치되어 있다. 머드를 붓에 듬뿍 묻혀 온몸에 바른 후 해변에서 일광욕을 즐기면 하얀 진흙 인형이 된다. 피부 속 노폐물을 모두 빨아들인 그 상태로 서해로 뛰어들면 머드팩이 끝난다. 보령 머드 축제장을 돌아다니다 보면 인간 머드상이 간간이 눈에 띈다. 온몸을 진흙으로 바른 인간 진흙상 옆에서 사진을 찍다 보면 움직여선 안 될 진흙상이 간간이 장난을 건다. 인간 진흙상과 사진을 찍었다면 이번엔 머드 교도소로 가 보자. 머드 교도소의 창살은 신기하게도 자유자재로 구부러진다. 교도소로 자진해서 들어가면 교도관들이 바가지에 머드를 가득 넣고 교도소 안의 사람들에게 힘껏 뿌린다. 보는 사람도 당하는 사랑도 모두 즐거운 이곳은 재미있는 사진을 찍을 수 있는 장소로 인기 만점이다.

　　　　어둠이 내리면 해변 공연장에서는 다채로운 행사가 펼쳐진다. 유명 가수의 초청 공연이 벌어지기도 하고 다양한 게임이 펼쳐지기도 한다. 이렇듯 온몸으로 머드와

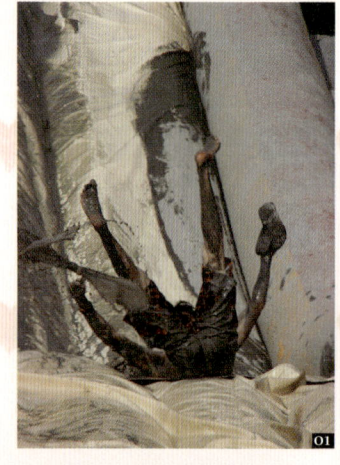

01 머드 슬라이더 02 외국인도 붐비는 롯데리아
03 서로 머드팩을 해 주는 친구 04 머드팩 05 모듬 조개구이

축제 기간 중 1일 4회 보령시에서 무료로 운행하는 관광지 순환 셔틀버스를 이용해 보자. 셔틀버스를 타면 보령시에 소속된 유명한 관광지들인 석탄 박물관, 개화 예술 공원, 성주사지, 냉풍욕장, 갯벌 체험장, 대천항 등을 모두 둘러볼 수 있다. 세 시간 정도 소요된다. 절대 놓치지 말자.

대천 해수욕장을 즐기다 보면 배가 고파지는 순간이 온다. 이럴 땐 대천 해수욕장의 명물 먹을거리인 조개구이로 허기를 달래 보자. 서해안을 대표하는 관광지이기 때문에 보령시에서 바가지요금을 잘 관리하고 있다. 가격은 해마다 조금씩 변동되지만 모든 가게가 동일하게 책정한다. 조개구이는 대, 중, 소로 분류되는데 커플이라면 소 정도면 충분하다. 조개구이 이외에도 칼국수나 전 등과 같은 곁들여 나오는 음식들이 많아서 배고플 걱정은 없다.

추천 이곳은?

★ 숙박

보령시는 2008년부터 숙박업소 요금 사전 신고제를 시행해서 바가지요금을 줄이려는 노력을 하고 있다. 성수기에 해변 모텔들의 가격은 대부분 120,000~150,000원 사이다. 하지만 대천 해수욕장 근처와 대천 시내의 숙박업소 요금은 거의 두 배가량 차이 나므로 숙박할 생각이라면 시내 쪽으로 나가는 것도 방법이다. 대천 해수욕장 인근 숙박지로는 한화 리조트(문의 041-931-5500)가 가장 크다.

★ 교통

대천 해수욕장까지의 대중교통은 상당히 좋은 편이다. 2007년 대천역과 대천 버스 터미널이 대천 시내에서 대천 해수욕장 인근으로 이전해 와 이 두 곳에서 시내버스로 약 20분이면 해수욕장에 도착할 수 있다. 대천역과 대천 버스 터미널은 인접해 있다. 대천의 시내버스들은 버스 번호 없이 목적지만으로 구분하며, 빨간색은 좌석 버스, 파란색은 일반 버스다. 대천 해수욕장행 버스에는 해수욕장이라고 커다랗게 쓰여 있다.

대천역에서 시내버스로 해수욕장 가기
대천역 2번 출구로 나오면 바로 정면에 대천 해수욕장으로 가는 시내버스 정류장이 있다. 약 20분 소요.

보령 종합 버스 터미널에서 시내버스로 해수욕장 가기
보령 종합 버스 터미널 안 7번 홈에서 10분 간격으로 대천 해수욕장으로 가는 일반 버스와 좌석 버스가 운행되고 있다. 약 20분 소요.

★ 도시 간 이동

대천은 교통이 좋은 곳이다. 서울이나 대전에서는 버스로 2시간, 군산에서는 1시간이면 닿는 곳이며, 장항선이 대천역을 지나기에 기차 교통도 좋다.

서울에서 대천 버스 터미널로 올 경우
센트럴 시티 터미널이나 동서울 종합 터미널, 서울 남부 터미널에서 대천행 버스를 이용할 수 있다.

문의 보령 종합 터미널 041-936-5757 | **소요 시간** 2시간 10분 | **배차 간격** 1일 29회 | **요금** 일반 9,300원/우등 13,600원

기차를 이용해서 서울에서 올 경우
용산역에서 장항선을 이용하면 된다.

문의 대천역 041-935-7788 2시간 | **소요 시간** 20분~2시간 40분 소요

★ 추천 코스

보령 머드 축제에 참가한다면 당일 코스가 좋다. 축제 시기가 여름 최성수기이기에 숙박비가 비싸고, 기차와 버스 같은 대중교통이 잘되어 있으므로 아침 일찍 와서 저녁에 올라가는 일정이 추천할 만하다.

대천 해수욕장 보령 머드 축제 – 조개구이로 점심 – 보령시 핵심 관광지 순환 버스(3시 소요, 무료)

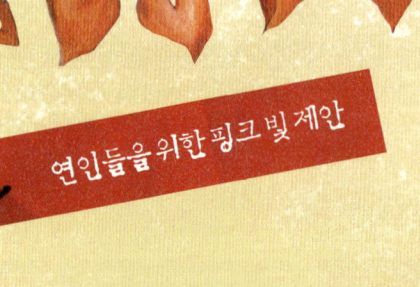

연인의 몸을 도화지 삼아 그림을 그려 보자

사랑하는 연인의 얼굴과 몸에 머드를 바르며, 애정 어린 장난을 쳐 보자. 주위를 둘러 보면 온갖 재미있는 아이디어를 가지고 자신의 몸을 또는 친구의 몸을 도화지 삼아 그림을 그리는 머드족들을 볼 수 있다. 다양한 연출력을 발휘할수록 둘만의 재미있는 추억이 가득 쌓인다. 다양한 각도에서 사진 찍기를 마쳤다면 선탠으로 온몸을 말린 후 그대로 바다로 뛰어들어 보자. 낭만과 열정이 가득한 한여름의 추억이 될 것이다.

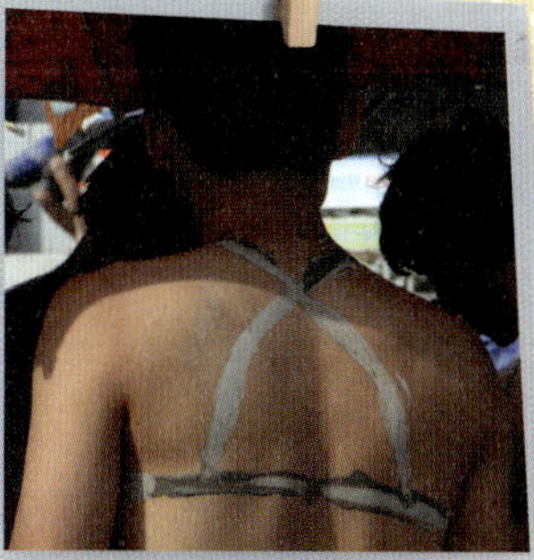

보령 머드 축제를 즐기는 20대의 열정과 즐거움!

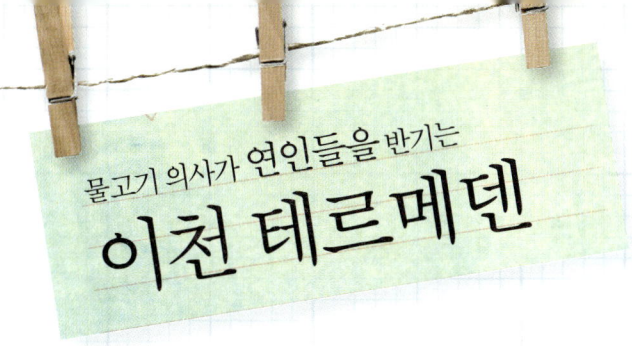

토질이 좋고, 물이 좋아 쌀과 도자기, 온천이 유명한 이천은 가을이 되면 도자기 축제와 쌀 축제로 도시 전체가 들썩인다. 하지만 개인적으로는 축제 때 외의 이천이 더욱 매력적이다. 눈 쌓인 겨울의 야외 온천의 낭만도 좋고, 봄바람에 흔들리는 설봉 공원 소리 나무의 청량한 소리는 생각만 해도 가슴 설레는 경험이다. 연인의 보드라운 손을 잡고 설봉 공원에서 낭만적인 산책을 하고 조선 시대 임금님의 진상미였던 이천 쌀밥으로 든든히 배를 채운 후, 테르메덴에서 심신의 피로를 푼다면 사랑하는 연인의 얼굴에 미소가 피어날 것이다.

빛을 잃어 가는 연인들을 위한 휴식의 장소

사랑하는 연인의 주변에 언제나 반짝이던 빛이 사그라지고, 피곤함이 비칠 때 찾아가면 좋은 곳이 이천 테르메덴이다. 서울 고속버스 터미널에서 이천행 티켓을 손에 들고 터미널 한쪽 일견 조잡해 보이는 매점에서 사이다와 달걀 두 개를 사 들고 버스에 오르면 왠지 여행의 두근거림에 얼굴이 붉어지게 된다. 한 시간 남짓 버스에 시달리다 보면 이상스러울 정도로 시골의 풍모를 풍기는 이천 버스 터미널에 도착한다.

INFORMATION ★ ★ ★ ★ ☆

위치 경기도 이천시 모가면 신갈리 372-1
문의 031-645-2000
홈페이지 www.termeden.com

신호등도 없는 길을 연인의 손에 끌려 건너면 이천 테르메덴 셔틀버스를 만날 수 있다. 이천 테르메덴은 독일 바덴바덴에 있는 휴양 온천 시설을 본떠 만들어진 온천 리조트로 사방이 유리로 돼 있는 동양 최대의 실내 바데풀이다. 실내에서도 하늘을 볼 수 있는 이 실내 바데풀은 그 큰 몸 안에 햇빛을 가득 머금고 찾는 이들에게 낮잠 같은 휴식을 제공한다.

온몸을 두드리는 수압 치료기에 몸을 맡기고 온화한 햇빛을 즐기다 야외로 나오면 테르메덴이 자랑하는 테마 온천이 있다. 지하 800~1200m 암반을 뚫고 용출하는 100% 천연 온천수 안에 이천의 자랑인 쌀과 세절 과일을 이용해 쌀 탕, 솔잎 탕,

사진 제공: 이천 테르메덴

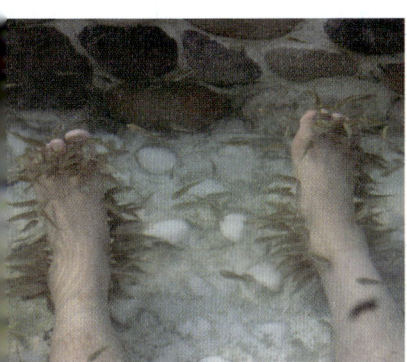

막걸리 탕, 감귤 탕, 유자 탕, 딸기 탕 등을 만들었다. 이 중 특히 쌀 탕이 인기인데, 이천의 특산물 쌀로 만든 쌀 탕의 뽀얀 물에 몸을 담근 후 쌀겨 주머니를 들고 서로의 몸을 닦아 줘 보자. 사랑하는 연인의 피부 위로 흐르는 하얀 온천수가 잊기 힘든 잔상을 남긴다. 온천수가 분위기 있게 흐르는 돌계단을 올라가 보면 이천 테르메덴의 하이라이트 닥터피시 탕을 만나게 된다. 약 130평 규모의 야외 온천과 족 탕에는 약 1만 마리의 닥터피시들이 있다. 닥터피시는 이빨이 앞으로 튀어나온 터키의 가라루파와 중국의 친친어가 대표적이다.

01 설봉 공원 02 도자기 축제장으로 변한 설봉 공원
03 토야 랜드 04 토야 랜드 바다의 여신 05 토야 랜드 조형물
06 토야 랜드 I LOVE U 조형물

연리지 나무와 소리 나무가 연인들을 부르는 설봉 공원

이천의 주산 설봉산 자락에 있는 설봉 공원은 2001년 세계 도자기 엑스포장으로 조성된 이천의 자랑이다. 매년 가을이 되면 도자기와 쌀 축제가 벌어지는 축제의 장이기도 한 설봉 공원은 이천 시립 박물관과 이천 세계 도자 센터, 곰방대 가마, 전통 가마, 도자기로 만들어진 미니 공원 토야 랜드, 80m의 고사분수가 시원한 물줄기를 쏘아 올리는 설봉호 등 그 안에 다양한 볼거리와 즐길거리들을 가득 품고 있다. 특히 설봉호 주변은 다양한 조각품과 나무 데크로 꾸며 놓은 아름다운 산책로가 잘 조성되어 있어서 드라마 〈미안하다 사랑한다〉의 촬영 배경지가 되기도 했었다.

이외에도 공원 곳곳에 세계적인 작가들의 조각 작품 90여 점이 조화롭게 자리하고 있어 이곳을 찾는 연인과 가족들의 사진 촬영 포인트로 주목받고 있다. 특히 토야 공원의 하트 조성물과 아름다운 바다의 여신 및 귀여운 웃음을 선사하는 개구리, 어릿광대 등의 조성물들은 연인과 아이들의 사랑을 집중적으로 받고 있다. 이외의 볼거리로는 점토 약 80ton을 사용해 높이 5m, 면적 4평, 벽 두께 30cm로 제작된 즈엄집(도자집)이 있다. 스머프 마을에나 있을 법한 앙증맞은 이 즈엄집은 높이 7m의 특수 가마에 1250도에서 한 달간 밤낮으로 구워 만든 세계 최대의 도자 조형물이다. 다량의 원적외선과 음이온이 방출되고 전자파와 외부 열을 차단하고 각종 유해 공기를 흡수한다는 이 놀라운 도자 조형물은 모습 또한 앙증맞아, 연인들의 사진 촬영 포인트로 추천할 만하다. 하지만 절대 놓쳐서는 안 될 볼거리는 설봉 공원의 명물, 소리 나무다.

　　소리 나무는 10m가 넘는 인공 나무로 철로 만든 줄기와 가지에 도자로 만든 2007개의 도자 풍경을 매달아 놓은 작품으로 설동훈 작가의 작품이다. 거대한 나무 꼭대기에 구름이 걸린 것을 형상화한 것으로 바람이 살랑이는 날 소리 나무 아래에 서서 가만히 눈을 감고 있으며 사람이 만든 구조물과 자연의 요소가 어우러져 만들어 내는 천상의 아리아를 들을 수 있다. 잊기 힘든 감동을 주는 이 나무는 설봉 공원의 꼭대기에 위치한 토야 공원 한쪽에 있으며 밤에 조명이 들어오면 풍경에 연결된 물고기, 코끼리, 구름 모양의 종에 빛과 조명이 반사되어 소리 나무를 한층 아름답게 만든다.

　　소리 나무가 위치한 설봉 공원의 정상엔 이천 세계 도자 센터가 있다. 이천 세계 도자 센터의 전시관은 2년마다 개최하는 이천 세계 도자 비엔날레의 국제 공모전 입상작들을 전시하고 있어서 상시 관람객들이 많은 곳이다. 2009년 상반기 큰 인기를 끌었던 〈꽃보다 남자〉의 천재 도예가 소이정(김범)이 구준표의 약혼녀인 하재경(이민정)을 유혹하기 위해 고가의 도자기를 선물하는 장소도 이천 세계 도자 센터다. 이천 세계 도자 센터 인근에는 잘 알려지지 않은 보물 같은 장소가 있다. 전통 오름가마로 불리는 전통 장작 가마와 연리지 나무가 그 주인공.

전통 오름가마는 과거 이천에서 도자기를 구울 때 사용하던 전통 장작 가마를 그대로 재현한 것으로 현재도 사용하고 있다. 전통 오름가마는 지형의 오름새를 이용해서 5~12개의 연결된 봉우리 형태로 축조한다. 도자기의 재어 놓음과 꺼냄이 편리하고 봉우리마다 온도를 조절할 수 있어 여러 종류의 도자기를 동시에 구울 수 있다. 이곳의 오름가마 또한 야산의 비탈을 이용해 만든 전통 가마로 가마 앞에 가득 쌓여 있는 나무와 어우러진 가마터의 분위기가 사뭇 따스하다. 가마터 근처에는 사랑을 맺어 주는 나무인 연리목이 있다. 예로부터 연리목이 있는 마을은 부부 금슬이 좋다고 하니 사랑을 맺어 주는 연리목과 함께 사진을 남기며, 영원한 사랑을 속삭여 보자.

INFORMATION ★ ★ ★ ★ ☆

설봉 공원
위치 경기도 이천시 관고동 산 69-1
문의 설봉 종합 관광 안내소 031-644-2946~7
시간 24시간
요금 무료(단, 이천 시립 박물관은 입장료가 있다.)

이천 세계 도자 센터
위치 설봉 공원 내
문의 031-631-6507
시간 09:30~18:00/ 매주 월요일, 1월 1일 휴관
요금 3,000원

★ 맛집

윤기가 자르르 흐르는 이천 쌀밥집은 3번 국도를 따라 도예촌 곳곳에 있다. 이천 쌀로 지은 돌솥밥 외에 수육이나 돼지 불고기, 된장 뚝배기, 간장 게장 등을 함께 내놓는 정식류가 주메뉴인데 대중교통을 이용하는 여행자라면 시내에 있는 쌀밥 정식집을 선택하는 것이 좋다.

동강

이천 시내에 있는 또 다른 맛집으로는 동강이 있다. 이천 택시 기사들의 강력한 지지를 받는 이곳은 돌솥밥 정식과 갈치조림, 간장 게장 정식이 주메뉴이자 대표 메뉴이다. 기본이 되는 쌀밥 정식에 제주 은갈치와 우거지, 무 등을 듬뿍 넣고 매콤하게 조린 갈치조림은 이 식당의 명성을 만든 원동력이다.

문의 031-631-8833, 2888 | 대표 메뉴 돌솥밥 정식 15,000원, 갈치조림 20,000원

청목, 고미정, 임금님 쌀밥집

시내에 있는 쌀밥집은 아니지만, 이천의 유명한 쌀밥집으로는 영동고속도로 이천 나들목 근처에 있는 청목(문의 031-634-5414)과 고미정(문의 031-634-4811), 그리고 이 두 식당의 아성을 위협하는 임금님 쌀밥집(문의 031-632-3646)이 있다.

★ 교통

이천 테르메덴

이천 테르메덴은 이천 고속버스 터미널 앞에서 무료 셔틀버스를 운영한다. 시간을 놓쳐 많은 시간을 기다려야 하는 상황이 아니라면 무료 셔틀버스를 이용하는 것이 좋다.

시내버스: 이천 고속버스 터미널 정면 길 건너 제일은행 앞에서 26-10번 버스(약 20~30분 소요)를 탑승 후 태루미 앞 버스 정류장에서 하차. 하차 후 도로 건너편 사선 방향으로 테르메덴 간판이 크게 보인다. 하차 후 도보 5분.

셔틀버스: 이천 고속버스 터미널 건너편 제일은행 앞에서 테르메덴 셔틀버스 탑승

문의 031-645-2000 | 소요 시간 약 15분 | 배차 08:20~15:20까지 10분 간격

설봉 공원

이천 고속버스 터미널에서 설봉 공원까지는 도보로 약 40분이 걸린다. 이천 시민은 산책 삼아 자주 걷는다고 하지만, 여행객으로 낯선 길을 도보로 40분을 걷는다는 건 즐겁지 않다. 이에 가장 추천할 만한 대중교통 수단은 택시다. 공원 근처까지 가는 버스도 있지만 버스 하차 후에도 10분 정도 걸어가야 하므로 두 사람이라면 버스 요금이나 택시 요금이나 별 차이가 없으니 택시를 이용하는 것이 좋다.

단, 들어갈 때는 택시 잡기가 수월하지만 돌아올 때는 대기하고 있는 택시를 찾기가 쉽지 않으니 꼭 타고 갔던 택시 회사나 개인택시 번호를 받아 놓는 것이 좋다.

★ 도시 간 이동

이천은 철도 교통이 없다. 고속버스, 시외버스만이 접근할 수 있는 유일한 수단이다. 하지만 서울에서 이천행 고속버스는 수시로 운행하며, 다른 지역에서도 접근하기 좋은 지역이다.

강남 고속버스 터미널: 제3매표소에서 이천행 고속버스(3,900원) 표를 구매 후 22번 탑승장에서 탑승.

동서울 종합 터미널: 이천 테르메덴까지 가는 직행

버스가 있다. 하루 두 번 운행한다.

예약 및 문의 1688-5979, 031-645-2000 | **운행 시간** 동서울발 09:20, 10:40 | 이천 테르메덴발 16:00, 17:10

★ 추천 코스

당일 코스라면 이천 테르메덴에서 반나절 정도 온천욕을 즐기고 시내로 나와 이천 쌀밥으로 점심을 먹은 후 택시를 타고 설봉 공원에서 산책을 즐긴 후 돌아오는 코스가 가장 깔끔하다. 하지만 좀 더 욕심을 부린다면 이천 도예촌에서 도예 체험을 하는 것도 좋다.

BEST 1: 이천 테르메덴 – 시내 쌀밥 정식집에서 이천 쌀밥 – 설봉 공원

BEST 2: 이천 테르메덴 – 시내 쌀밥 정식집에서 이천 쌀밥 – 설봉 공원 – 이천 도예촌

연리지나무와 추억 만들기

설봉 공원에는 연인이라면 꼭 찾아봐야 할 연리지나무가 있다. 전통 가마 한쪽에 수줍게 서 있는 연리목은 밤나무 두 그루가 자라면서 한 그루로 합쳐진 것이다. 예로부터 사랑을 맺어 주는 신비로운 나무로 불리는 연리목은 연인들이 사랑을 속삭이기에 최고의 장소다. 또한 설봉 공원의 최정상부에 위치한 세계 도자 전시관의 부속 아트 숍인 토야 아트 숍(TOYA Art Shop)은 아기자기한 작은 소품들부터 제법 규모가 큰 도자기까지 다양하게 갖추고 있는 아트 숍이다. 여자들이 좋아하는 아기자기한 소품들을 고르기에 좋은 곳으로 연인에게 줄 작은 선물을 구입하기 좋다.

전통 오름가마터 근처에 있는 연인들의 사랑을 이어 주는 연리지나무

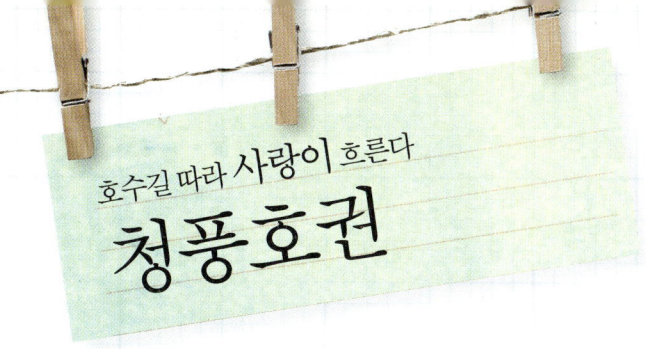

청풍호권

제천은 충북선과 태백선이 지나가는 기차 교통의 중심지이자 청풍명월로 상징되는 호수의 고장이다. 바다와 비견되는 충주호에는 하얀 유람선이 비단 자락 풀어 내듯 호수 위를 흘러가고, 호수 변 산자락에는 청풍 문화재 단지와 청풍나루, 청풍 랜드, KBS 드라마 촬영지가 있다. 제천 시내권에는 국내에서 가장 오래된 저수지인 의림지가 있으며, 청풍호 북부에는 가톨릭 성지인 베론 성지와 과거를 보러 가던 선비들이 갓끈을 빨았다는 작은 정자인 탁사정, 박달 도령과 금봉 낭자의 애절한 사랑이 전해져 오는 충북 제일의 고갯길, 박달재가 있다.

청풍호 남부로는 월악산 국립 공원이 청정하기 그지없는 용하구곡과 송계 계곡을 품고 있다. 이 중 연인들의 낭만 여정으로는 호수 길을 따라가는 청풍호권 여행이 제격이다. 구담, 옥순봉의 미려한 경관을 유람선을 타고 관람하고, 청풍 문화재 단지 내 청풍 석조 여래 입상 앞에서 소원을 비는 돌을 돌리며 둘만의 소원을 빌어 보고, 청풍 랜드에서 연인과 두 손 꼭 잡고 청풍호를 보고 있으면 이보다 즐겁고 낭만적인 여행이 없을 것이다.

설렘 가득한 호수 길 여행

　　　　제천역에 내려 역전길이란 정겨운 이름을 가진 골목길을 걸어 남당 초등학교 앞에서 청풍행 시내버스에 몸을 실으면 설렘 가득한 호수 길 여행이 시작된다. 여행의 설렘을 가득 안고 시내버스 안에서 덜컹거리는 길을 30여 분 달리면, 옛 정취 가득한 시골 버스 정류장들을 수없이 지나치다 보면 제천 사람들이 청풍호라 부르는 충주호가 나온다. 제천의 26개 리 중 24개의 넓은 지역이 수몰되어 만들어진 청풍호는 제천 시민의 애잔함이 가득 배어 있는 곳이다. 그래서일까? 청풍호의 아름다움엔 그리움이 스며 있다. 청풍행 시내버스가 달리는 82번 국도는 청풍호 변을 휘돌아 달리다 청풍면 소재지로 빠지는, 전국에서 손꼽히는 드라이브 코스다. 이 도로를 따라 시내버스를 타고 청풍호를 감상하는 맛이 남다르다.

　　　　버스를 타고 달리다 가장 먼저 만나게 되는 볼거리는 금월봉이다. 청풍호 초입에 위치한 금월봉은 금강산 일만이천봉을 축소해 놓은 듯해 작은 금강산이라 불리며 〈태조 왕건〉, 〈명성황후〉, 〈이제마〉, 〈장길산〉 등 드라마와 영화의 촬영 명소가 되고 있다. 원래 이곳은 시멘트 원료용 점토를 채취하던 채취장으로 작업 중 우연히 기암

괴석군이 발견되어 현재의 금월봉의 면모를 갖추게 되었다. 금월봉 다음으로 만나는 호수 길 여행의 정착지는 KBS 드라마 촬영장이다. 〈왕건〉의 촬영장으로 조성되어 많은 인기를 끌었던 세트장은 호숫가라는 위치를 적극 활용해 고려 벽란포 등 고려 시대의 생활상을 정교하게 재현해 놓았다. 호수와 어우러진 고려 시대 마을의 모습이 빼어나 현재까지도 여러 KBS 사극의 촬영장으로 활용되고 있다.

호수를 향해 거대한 스윙

　　　　KBS 드라마 촬영장에서 멀지 않은 곳에 세계 최초의 번지 종합 레저 타워 시설인 청풍 랜드가 있다. 청풍 랜드 버스 정류장에 내리면 넓은 주차장이 가장 먼저 눈에 띈다. 그 앞에 제천 종합 관광 안내소(043-652-5681)가 있다. 초보 여행객에게는 더없이 유익한 곳으로 제천 여행에 필요한 모든 정보를 이곳에서 얻을 수 있다. 주차장을 지나 청풍 랜드 입구로 들어서면 162m의 수경 분수가 하늘을 뚫을 듯 솟구치는 청풍호가 시원스레 들어온다. 이 청풍호 변에 62m 번지 점프대가 아찔하게 서 있다. 체감하기에는 100m는 족히 될 것 같은 번지 점프대는 호수를 향해 두 팔을 활짝 벌리 듯 세워져 뛰어내리는 이들에게 마치 청풍호에 안기는 듯한 느낌을 준다. 청풍 랜드에서는 번지 점프만 할 수 있는 것이 아니다. 국내 어디에서도 보기 어려운 시속 100km의 속도로 60m까지 튕겨져 올라가는 이젝션 시트와 40m 상공에서 거대한 그네를 타듯이 호수를 향해 거대한 스윙을 하는 빅 스윙이 있다. 거대한 새총과 같은 이젝션 시트는 탑승객 두 명을 원형의 틀 안에 태우고 새총을 잡아당기듯 거대한 쇠공을 한껏 잡아당겨 허공으로 튕

INFORMATION ★ ★ ★ ☆

청풍 랜드

문의 043-648-4151
시간 10:00~18:00, 월요일 휴무
요금 번지 점프 40,000원, 이젝션 시트 20,000원, 빅 스윙 18,000원

기는 놀이 기구로 튕겨지는 그 순간 탑승객은 인간 탄환이 되어 시속 $100km$로 $60m$ 상공으로 솟아오른다. 이젝션 시트는 튀어 오를 때만 아찔한 것이 아니다. 올라가는 속도 못지않게 인공 폭포를 바라보며 내려올 때는 폭포의 물줄기가 속도감을 배가시켜 준다. 이 때 동승한 탑승객의 몸무게가 비슷하면 회전하는 회전수가 많아져 더욱 스릴이 있다.

마지막으로 빅 스윙은 연인끼리 함께하면 가장 편안하고 낭만적인 놀이 기구다. 거대한 그네와 같은 원리의 빅 스윙에 탑승해 허리와 다리를 지지대에 묶고 호수 반대 방향으로 한껏 당겨지면 긴장의 끈도 최고조에 달한다. 가슴이 터질 것같이 두근거리는 순간 한껏 당겨진 끈이 놓이면 바람을 가르며 청풍호를 향해 날아간다. 이 순간 느껴지는 기분은 잊기 힘든 감동이다. 호수 위를 나는 한없이 시원스러운 감상과 가장 위험한 순간에 꼭 잡은 연인의 손이 따스하기 그지없는 낭만과 스릴이 공존하는 기구다. 이외의 체험 거리로는 세계적 수준의 인공 암벽 등반 시설이 있어, 장비만 있으면 누구나 무료로 이용할 수 있다.

호수길 여행의 핵심, 청풍 문화재단지

청풍 문화재 단지는 충주댐 건설로 수몰된 청풍 지역의 각종 문화재를 3년 간에 걸쳐 복원 이전한 곳이다. 이미 조성된 지 20여 년이 지나 풍성하게 푸른 잎사귀를 자랑하는 나무들과 호수를 바라보며 쉴 수 있는 벤치들이 균형 있게 자리하고 있다. 봄이 되면 벚꽃이, 여름이 되면 주홍색 열매를 가득 품은 살구나무가 보물인 한벽루와 청풍 석조 여래입상, 지방 문화재인 팔영루, 청풍 향교, 청풍 금병헌, 응청각, 금남루, 고가 4동, 지방 기념물인 망월 산성, 비지정 문화재인 지석묘 5점, 문인석 6점, 비석류 31점 등 총 53점의 문화재를 아름답게 감싸 안는다.

청풍 문화재 단지의 입구인 팔영루는 과거 청풍부를 드나들던 관문으로 조선 숙종 28년에 건립되었다. 팔영루로 입장할 때 잠시 고개를 들어 천장을 바라보면 재미있는 이야기가 전해 내려오는 호랑이 그림을 볼 수 있다. 청풍의 수해를 막기 위해 그려진 이 호랑이 그림이 머리는 청풍 쪽으로, 꼬리는 청풍 밖으로 하고 있어 청풍에서 먹이를 먹고 배설은 청풍 밖으로 하는 상이라 청풍에는 큰 부자가 없다고 한다.

INFORMATION ★★★☆

청풍 문화재 단지
시간 09:00~18:00(하절기), 09:00~17:00(동절기)
요금 어른 3,000원
문의 043-641-6743

01 〈일지매〉 촬영장 02 청풍 석조여래입상 아래서 소원돌을 돌리는 사람 03 청풍호 04 한벽루 05 충주호 유람선

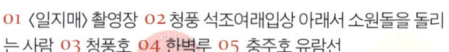

제천역 앞에는 매월 3일과 8일 제천 오일장이 선다. 전국 3대 약초 시장 중 하나로 할머니, 아주머니들의 광주리에는 각종 약초와 산나물이 가득 담겨 있고, 메밀쌀 부침개, 찰옥수수, 수수부꾸미와 같은 옛 먹을거리들이 가득하다.

단지 내 가장 인기 있는 볼거리는 단연 한벽루와 청풍 석조 여래입상이다. 보물 제528호인 한벽루는 과거 연회 장소로 사용되던 곳으로 추정되는 목조 건물로 고려 충숙왕 4년(1317년)에 건립되었다. 현판은 우암 송시열이 썼다. 한벽루에 올라 불과 수십 년 전 청풍명월로 불리며 아름다운 고을들이 자리하고 있었을 드넓은 호수를 바라보는 감상이 특별하다. 청풍루에서 발걸음을 돌려 청풍 석조 여래입상 앞에 서면 까맣게 손길을 탄 소원을 비는 돌이 눈에 들어온다. 소원을 빌면서 남자는 오른쪽으로 자신의 나이만큼, 여자는 왼쪽으로 자신의 나이만큼 돌면 소원이 이루어진다고 한다.

청풍 문화재 단지에서 청풍호를 조망하기 가장 좋은 곳은 망월 산성이다. 망월 산성에 올라 바라보는 청풍호의 전경은 가슴이 탁 트인다. 청풍 문화재 단지 아래에는 SBS 드라마 촬영장이 있다. 〈대망〉, 〈장길산〉, 〈일지매〉가 촬영되었던 SBS 촬영장은 드라마의 기억을 떠올리며 돌아보는 재미가 쏠쏠하다.

청풍 문화재 단지를 뒤로하고 우측으로 돌아가면 청풍호 유람선 나루가 나온다. 내륙의 호수로 불리는 충주호를 둘러볼 수 있는 가장 좋은 수단인 유람선은 호수길 여행의 절정이다. 청풍나루와 장회나루를 오가는 유람선을 타고 청풍대교 밑을 지나 단양 군수 시절 이황의 사랑을 받았던 기생이 그 아름다움에 반해 단양에 속하게 해달라고 졸랐다는 이야기가 전해오는 옥순봉과 기기묘묘한 산세가 만들어 내는 천연 병풍의 한 자락을 잘라 호수에 박아 놓은 듯한 구담봉을 구경하면 제천 여행의 마무리로 모자람이 없다.

★ 맛집

솔잎 해장국

올갱이로 유명한 제천에서도 올갱이 해장국을 잘하기로 손꼽히는 솔잎 해장국의 올갱이 해장국은 남한강에서 건져 올린 올갱이에 부추를 듬뿍 넣고 된장과 고추장으로 맛을 내 국물 맛이 시원하다.

문의 043-648-5959 | **대표 메뉴** 올갱이 해장국 5,000원

산마루

제천은 호수를 둘러싸고 있는 산에서 나오는 산나물이 특산물인 고장으로 곤드레 나물밥이 유명하다. 곤드레 나물밥을 맛깔스럽게 하는 식당으로는 산마루가 있다. 감자전과 불고기, 호박전, 된장찌개를 비롯해 7~8가지의 맛깔스러운 반찬과 인근 지역에서 난 산나물을 들기름에 달달 볶아 쌀과 함께 밥을 해 내놓는 산마루의 곤드레 나물밥은 고소하고 담백한 맛이 일품이다.

문의 043-645-9119 | **대표 메뉴** 곤드레 나물밥 9,000원

대보 명가

전국 3대 약초 시장 중 하나를 가지고 있는 제천에선 약초 밥상 또한 놓칠 수 없는 특미다. 대보 명가는 충북 향토 음식 경연 대회에서 약초 쟁반 요리로 금상을 받은 맛집으로, 제천에서 나는 산야초 반찬들과 약초 물로 지은 돌솥밥이 일품이다. 약초 밥상의 돌솥밥은 특이하게도 남자 돌솥밥과 여자 돌솥밥이 따로 있다.

남자 돌솥밥은 삼을 주재료로 한 약초물로 밥을 해서 흰색을 띠며, 여자는 당귀를 주재료로 한 약초물로 밥을 해 갈색을 띤다. 궁중 떡볶이와 구운 마, 시원한 백김치로 입맛을 돋운 후 산야초 장아찌, 한약 소스로 재워 숙성시킨 숯불 고추장구이, 버섯잡채, 계절전 등으로 푸짐하게 한 상을 낸다. 후식으로는 계절에 따라 오디

차, 매실차, 앵두 차 등 귀한 전통 차를 제공해 끝 맛까지 책임지는 맛집이다.

문의 043-643-3050 | **대표 메뉴** 약초 쟁반 요리 55,000원, 약초 밥상 10,000원

★ 숙박

청풍 리조트

청풍호를 한눈에 내려다볼 수 있는 호수 변 언덕에 위치하고 있는 청풍 리조트는 수영장, 스파, 헬스장, 사우나 등 다양한 시설을 갖추고 있을 뿐만 아니라 청풍 랜드 옆, 청풍호반 야외 공연장까지 계단을 이용해 내려갈 수 있어, 매년 8월 한여름 밤에 펼쳐지는 제천 국제 음악제를 즐기고 편안한 마음으로 숙소로 돌아올 수 있는 최적의 장소다.

국민연금 공단에서 운영하는 곳이어서 국민 연금 가입자나 수급자는 20~40%까지 할인받을 수 있다. 제천 시내를 운행하는 셔틀버스를 이용한다.

문의 043-640-7000 | **요금** 스탠다드룸 11만 원 | **홈페이지** www.cheongpungresort.co.kr

제천 시내 숙박지

제천역 근처에 위치한 발리 모텔(문의 043-642-7004)이 깔끔하며, 제천 시외버스 터미널 앞에도 많은 모텔이 밀집해 있다. 청풍호 북부권인 덕동 계곡에 위치한 펜션 아름다운 세상은 관광보단 조용한 휴식을 원하는 연인들에게 맞춤인 곳이다.

문의 펜션 아름다운 세상 070-8767-7451 | **요금** 2인 커플 룸 70,000원 | **홈페이지** www.duckdongvalley.com

★ 교통

제천역을 등지고 좌측으로 가면 역전길이라는 골목 길이 나온다. 역전길을 끝까지 가면 큰 대로를 만나고 그 길을 건너면 남당 초등학교 버스 정류장이 있다. 남당 초등학교 버스 정류장에서 청풍행 950, 982, 960, 971번 시내버스를 타면 청풍까지 40~50분 정도 소요된다.

청풍행 시내버스를 타면 금월봉, KBS 촬영장, 청풍 랜드, 청풍 문화재 단지를 순서대로 갈 수 있다. '금월봉'은 금월봉 버스 정류장, 'KBS 촬영장'은 성내리 버스 정류장, '청풍 랜드'는 만남의 광장 버스 정류장, '청풍 문화재 단지'는 청풍 문화재 단지 버스 정류장에서 하차하면 된다.

문의 제천 운수 043-646-2955, 제천 교통 043-646-8601

★ 도시 간 이동

기차
청량리 → 제천(소요 시간 약 1시간 50분)

버스
강남 고속버스 터미널 → 제천

문의 제천역 043-644-7788, 제천 고속버스 터미널 043-648-3182, 제천 시외버스 터미널 043-648-5533

★ 추천 코스

제천은 기차 교통과 도로 교통의 요충지에 위치해 어느 곳에서도 접근하기 수월하며 당일 여행에서 2박 3일 여행까지 다양하게 여행 코스를 짤 수 있는 곳이다. 대중교통으로 당일 여행을 한다면 청풍 호수 인근의 청풍권 여행지를 묶어 여행하는 것이 좋다.

여름에 1박 2일 여행을 기획한다면 청풍권에 송계 계곡이나 용하구곡을, 겨울이라면 배론 성지와 박달재 권역을 여행 코스에 넣으면 좋다. 2박 3일을 계획한다면 청풍호권, 청풍호 북부, 남부를 아울러 여행할 수 있다. 단 청풍호 남·북부권은 시내버스로 연계해서 여행하기가 쉽지 않다.

당일 여행 추천 코스
금월봉 – KBS 촬영장 – 청풍 랜드 – 청풍 문화재 단지 – 충주호 유람

덕동 계곡

　　자가용이 있다면 제천 덕동 계곡으로 '휴(休)' 여행을 떠나 보자. 제천 덕동 계곡(홈페이지 www.duk-dong.com)은 제천의 용하구곡이나 송계 계곡에 비하면 규모가 작은 편이지만 맑고 깨끗한 물이 울창한 송림 사이를 흐르는 모습이 곱디고운 곳이다. 한국 관광 공사에서 조용하고 깨끗한 여름 휴가지로 선정되기도 했다. 용하구곡이나 송계 계곡보다 유명세도 덜해서 한여름 휴가철만 피한다면 한적한 여행을 즐길 수 있다.

　　계곡을 따라 예쁜 펜션들이 들어서 있어 숙박지를 고르기도 좋다. 다만 대중교통이 불편하다. 인근에 백운 참숯(문의 043-651-1265), 신림 참숯(문의 033-763-9070)이 있으며, 산책하기 좋은 덕동 생태 숲이 있다. 1박 2일 동안 참숯 가마와 생태 숲에서 찜질과 산림욕을 즐기고 예쁜 펜션에서 여유로운 시간을 보낸다면 휴식을 원하는 연인들에게는 더할 나위 없이 좋은 여행 코스가 될 것이다.

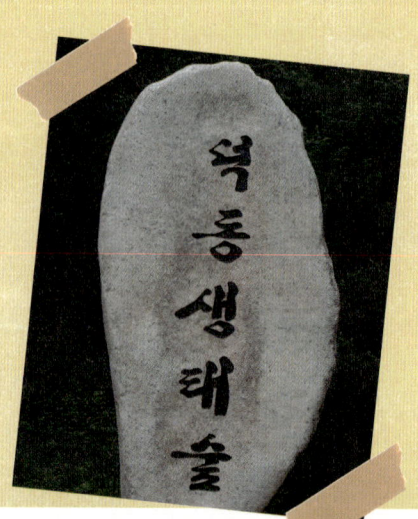

충주호와 덕동 계곡에서 즐기는 여유로운 휴식 여행

Couple Date

Part.2 수줍은 연인들을 위한
무박 야간 여행

정동진 일출 여행

예술적 두근거림으로 다시 태어난

세계에서 가장 바다와 가까운 기차역, 정동진. 역에 발을 내딛는 순간 바다가 한가득 밀려온다. 한 점 거칠 것 없이 뻗은 동해의 수평선은 한없는 해방감을 선사한다. '정동진' 하면 떠오르는 것은 일출과 기차다. 하지만 언제부턴가 고현정 소나무와 모래시계 이미지로 고정되고, 번잡한 관광지의 이미지가 어지럽게 덧칠해져 사람들에게 외면당하는 것이 현실이다. 하지만 이 점이 전화위복인 듯, 정동진은 쓸쓸하고 고즈넉한 분위기의 일출 여행지로 다시 태어나고 있다.

잃어버린 추억과 낭만을 느끼게 해 주는 밤 기차 여행

밤 기차로 떠나는 동해 일출 여행은 많은 사람에게 잃어버린 추억과 낭만을 느끼게 해 준다. 하지만 정동진에서 누릴 수 있는 것은 이것뿐만이 아니다. 곳곳에 예술과 자유가 숨 쉬고 있다. 정동진역에 내리면 제일 먼저 눈에 들어오는 것은 바다와 어우러진 조각상이다. 작은 간이 기차역과 황금빛 모래사장 그리고 그 사이에 아름답게 서 있는 조각상은 이곳을 찾는 이들에게 잃어버린 마음의 여유와 미소를 되찾게 해 준다.

INFORMATION ★★★★☆

위치 정동진역
문의 033-520-2523
시간 연중무휴
요금 입장료 500원(단, 기차 이용객은 무료)
홈페이지 www.jeongdongjin.co.kr

　　　일출 기차에서 내려 해가 떠오르길 기다리는 시간 동안 지루함이란 없다. 연인과 함께 정동진역 벤치에 앉아 붉게 물들어 오는 동해 일출의 신비함을 느끼기에 바쁘기 때문이다. 좀 더 적극적인 연인들은 정동진역을 빠져나가 정동진 해변으로 달려간다. 조금이라도 일출을 가까이에서 맞이하고 싶은 그들의 욕망은 파도가 출렁이는 해변의 암반 위로 그들을 끌어올린다. 이윽고 해가 떠오르고 기다리는 모든 이들의 입에서 탄성이 터져 나오면 6시간의 일출 기차 여행의 목적을 이루게 된다. 바다만 바라보아도 한없이 좋은 정동진이지만 정동진에는 바다 이외에도 볼거리가 많다.

　　　모래시계 공원을 뒤로하고 정동 초교 쪽으로 발걸음을 옮기면 '인간과 시간'을 주제로 한 한국 유일의 시간 테마 박물관 정동진 타임 스토리를 만날 수 있다. 중세 시대의 진귀한 시계들을 비롯해 세계 유일의 타이타닉 회중시계 등 희귀 시계 250여 점을 전시하고 있는 곳으로 정동진에

INFORMATION ★★★★☆

정동진 타임스토리
문의 033-644-5644
시간 10:00~17:30(주말, 공휴일은 연장 개관)
       매주 월요일 휴관
입장료 성인 4,500원

왔다면 한 번쯤은 꼭 들러볼 만한 곳이다. 정동진 타임 스토리 정면에 있는 정동 초교
에서는 여름이면 정동진 독립 영화제를 개최한다. 한여름 밤 시골 초등학교에서 감상
하는 독립 영화의 정취가 특별하다.

동해안 최고의 전망을 자랑하는 썬크루즈 리조트의 선상바비큐

정동진 해변을 걸으면서 가장 눈에 띄는 것은 썬크루즈 리조트일 것이다.
정동진 해변이 끝나는 지점, 60m 절벽 위에 아슬하게 서 있는 거대한 유람선의 모습
은 이곳을 찾는 사람들의 시선을 한순간에 사로잡는다. 당장에라도 해안 절벽에서 동
해로 뛰어들 것 같은 모습을 하고 있는 길이 165m에 10층 규모의 썬크루즈 리조트는
호텔과 콘도, 다양한 부대 시설과 유람선 9층에 있는 전망대, 30여 점의 조각들로 구성

된 조각 공원, 250여 점의 장승들로 꾸며진 장승 공원 등으로 구성되어 있다. 이 중 썬 크루즈 리조트를 찾았다면 꼭 빼먹지 말고 봐야 할 곳이 전망대. 이곳에 오르면 지중 해의 코발트 빛 바다 못지않은 정동진 해안이 두 눈 가득 담기 어려울 정도의 시원함 을 선사한다. 이외에도 썬크루즈 리조트 내 전경이 아름다운 곳에는 어김없이 아름다 운 조각상과 함께 전망대가 설치되어 있어 연인과 오붓한 시간을 보내기에 최적이다. 360도 회전하는 전망대 카페에서 동해를 바라보며 커피 한잔을 하거나 청량한 바닷바 람을 맞으며 선상 바비큐 뷔페(매해 7~8월 한시적 운영, 예약 필수 033-610-7000)를 즐긴 다면, 이보다 더 낭만적인 여행은 없을 것이다.

INFORMATION ★★★★☆

썬크루즈 리조트
위치 강릉시 강동면 정동진리 50-10번지
문의 033-610-7000
시간 일출 30분 전~일몰(계절에 따라 다름), 휴무일 없음
요금 성인 5,000원
홈페이지 www.esuncruise.com

연인들을 위한 예술 공원, 하슬라 아트 월드

'하슬라'란 신라 시대 강릉의 옛 지명이다. 하슬라 아트 월드는 동해 바닷가 절벽에 예술가들에 의해 만들어진 예술 공원이다. 3만 5천여 평의 부지에 바다의 정원, 소나무 정원, 시간의 광장, 조각 공원, 소똥 미술관, 습지 정원, 논밭 정원, 놀이 정원 , 바다 전망대, 아트 숍 갤러리 등이 예술과 자연, 쉼이라는 주제로 자연스럽게 자리하고 있다. 자연을 그대로 살리기 위해 자연적인 비탈과 산을 그대로 이용해 절묘하게 만들어진 산책길을 따라 100여 가지가 넘는 예술품들과 조형물이 조화롭게 배치되어 있다.

곳곳에 예술가들의 숨겨진 명작이나 유머가 깃든 작품들이 있기에 이곳에서의 산책은 가끔은 하늘을, 또 가끔은 숲 속 어두운 습지를 둘러보는 여유와 유머를 가져야 한다. 그러면 어딘가에서 우물에 빠진 돼지를 발견하게 되고, 어딘가에선 벗어 던진 여인의 옷과 그 옷의 주인을 깊은 숲 어딘가에서 만나게 될 것이다. 하늘 정원 안 깊은 곳 고래 바위가 어째서 물 뿜는 고래인지를 발견했을 때의 통쾌함과 하늘 정원 앞 바다에 있는 얼굴 밟지 마의 마징가Z 등의 조형물을 찾는 재미는 하슬라 아트 월드의 숨겨진 매력이다.

INFORMATION ★★★★☆

하슬라 아트 월드
위치 강원도 강릉시 강동면 정동진리 산33-1
문의 033-644-9411
시간 08:30~18:30(변동 가능)
요금 성인 6,000원
홈페이지 www.haslla.kr

01 바다 전망대에 위치한 아트 숍과 바다 카페 **02** 물 뿜는 고래 **03** 돼지가 우물에 빠진 날 **04** 거꾸로 신발 **05** 얼굴 밟지 마의 마징가 Z

많은 사람이 예술 조형물이기에 앉기를 꺼리는 하슬라 아트 월드의 의자 조형물들은 모두 앉아 쉴 수 있는 공간이다. 전망 좋은 곳에는 어김없이 철제 의자 조형물들이 있으니, 앉아서 쉬며 동해가 주는 자유로움과 소나무 향에 취해 보자.

　　아직 100가지의 숨은 하슬라를 다 찾은 사람은 없다 하니, 연인과 함께 하슬라 아트 월드에서 여유로운 산책을 즐기며, 해학과 예술적 감수성이 가득한 조형물들을 찾아보자. 입장 시에 받은 브로슈어에 있는 리스트를 하나씩 지워 가는 재미가 쏠쏠하다. 하슬라 아트 월드의 하이라이트는 바다 전망대다. 이곳을 사랑하는 예술가들은 이곳을 전망대라 부르지 않고 '항상'이라고 부른다. 항상 바다를 볼 수 있고, 항상 해를 볼 수 있고, 항상 달을 볼 수 있으며, 항상 수평선을 볼 수 있는 곳이라는 의미다. 이런 절묘한 곳에 바다 카페가 있다. 카페의 통유리 안으로 동해의 수평선을 모조리 옮겨 온 듯한 카페 안에서는 언제나 원두커피 향이 감돌고, 인심 좋은 카페 주인이 내주는 수제 쿠키는 달콤하기 그지없다. 커피 한 잔을 들고 문을 열고 나가면 나무 데크로 마감된 바다 전망대의 망루에서 코발트 빛 바다를 바라보며 '쉼'이란 단어를 가슴 깊이 만끽할 수 있다. 하슬라 아트 월드 바다 전망대에서의 일출 또한 유명하다. 여름철에는 일출객들을 맞기 위해 문을 일찍 여니 꼭 일출을 맞으러 가 보자.

　　2009년 여름 하슬라 아트 월드 내에 예술과 동해의 비경이 만난 하슬라 뮤지엄 호텔(문의 033-644-9411)이 문을 열었다. 동해를 바라볼 수 있도록 탁 트인 26개 객실의 테라스에는 예술적 감각이 뛰어난 욕조가 설치되어 있어 동해의 푸른 바다를 바라보며 스파를 즐길 수 있다. 하슬라 뮤지엄 호텔의 레스토랑인 '장' 또한 식사를 하면서 전시회를 감상할 수 있는 예술적 감수성이 가득한 곳이다.

★ 교통

정동진역

서울 청량리역에서 23:15분에 출발하는 무궁화호를 타면 정동진역에 4:26분에 도착한다. 여름에는 5시가 조금만 넘으면 해가 뜨고, 한겨울이라도 7시 반경에는 해가 뜨니, 일출을 보기에 안성맞춤이다. 정동진역과 강릉역은 기차로 15~20분 거리다. 정동진역에서의 여행이 끝나면 기차나 시내버스를 이용해 강릉으로 쉽게 이동할 수 있다.

소요 시간 약 5시간 10분 | **요금** 성인 21,000원(무궁화호 일반실 기준)

■ 기차 이용 시 정동진역 → 강릉역

정동진역에서 강릉역으로 가는 기차를 이용할 수 있다.

배차 시간 03:15, 04:29, 06:15, 12:01, 12:49, 14:27, 17:02, 17:39, 19:24, 21:23 | **소요 시간** 약 15분 | **요금** 일반실 2,600원(무궁화호 일반실 기준)

■ 시내버스 이용 시 정동진역 → 강릉

정동진역에서 조금만 시내 쪽으로 이동하면 나오는 버스 정류장에서는 109, 111, 112, 113번 버스를 이용해서 강릉 시내로 이동할 수도 있고 인근의 하슬라 아트 월드→등명락가사→함정 전시관(통일 공원) 등으로도 이동할 수 있다.

시내버스 1,200원. 수시 운행 | 109번 좌석 버스는 강릉 시외버스 터미널에서 정동진을 거쳐 썬크루즈까지 운행한다. 1일 8회 운행, 시외버스 터미널에서 썬크루즈 리조트까지 45분 소요, 비용 1,600원

썬크루즈 리조트

정동진역에서 도보로 15~20분 정도지만 마지막 언덕 길은 경사가 심해 힘이 들 수도 있다. 이럴 때 택시를 이용하면 기본요금 정도만 내고도 편하게 이동할 수 있다.

정동진역 근처 버스 정류장이나 모래시계 공원 인근에서 썬크루즈 리조트까지 올라가는 109, 112번 버스가 있지만, 시간을 맞추기 어렵다.

하슬라 아트 월드

■ 정동진역 인근 정동진 버스 정류장에서 111, 112, 113번 시내버스 이용.
소요 시간 약 5~10분 | **요금** 1,200원

■ 토, 일요일에는 정동진역에서 하슬라 아트 월드까지 무료 셔틀버스 운행.
문의 셔틀버스 033-644-9411~3

★ 도시 간 이동

정동진역은 태백선이 지나가는 간이역으로 강릉역 바로 전이다. 서울 청량리역에서는 약 5시간 10분이 소요된다. 서울 동서울 종합 터미널에서 정동진 직행버스가 심야에 있다. 버스를 타면 3시간 30분 소요되므로 서울에서 갈 때는 기차, 돌아올 때는 버스를 이용하는 새벽 추위에 떨지 않고 일출을 보고 오는 방법이다.

★ 추천 코스

정동진역 → 하슬라 아트 월드 → 등명락가사 → 통일
공원 → 강릉시

기차와 시내버스를 이용한 무박 1일 정동진 Only 일출 여행

정동진 인근에는 정동진역, 모래시계 공원, 국내 유일의 시계 박물관인 정동진 타임스토리, 썬크루즈 리조트, 동해안 절벽 위 3만여 평에 펼쳐진 자연 친화적 예술 공원인 하슬라 아트 월드와 통일 공원(함정 전시관), 바다에서 가장 가까운 사찰 중 하나이자, 청자 오백나한상이 모셔진 등명락가사 등이 있기에 무박 1일이라면 강릉 시내권 관광지까지는 욕심내지 않는 것이 좋다.

추천하자면 오전에 정동진역 근방의 코스를 마치고 버스로 하슬라 아트 월드로 이동해 절벽 위에 아름답게 자리하고 있는 하슬라 아트 월드의 바다 카페에서 동해의 푸른 수평선을 바라보며 커피 한잔의 여유를 즐기고, 하슬라 아트 월드의 아름다운 정원을 산책한 후 통일 공원과 등명락가사로 이동하는 것이 좋다.

정동진 일출 – (도보 5분) – 모래시계 공원 – (도보 10~15분) – 썬크루즈 리조트 – (도보 약 15분) – (정동진역 버스 정류장에서 111, 112, 113번 시내버스 이용, 강릉 시내 방향으로 약 7~8분 이동) – 하슬라 아트 월드 – (동일 버스로 한 정거장 이동) – 등명락가사 – (동일 버스로 한 정거장 이동) – 통일 공원(함정 전시관) – (반대편 버스 정류장에서 동일 번호 버스 이용해서 정동진역) – 정동진역에서 서울행 기차나 고속버스 이용

기차와 시내버스를 이용한 정동진 + 강릉 무박 1일 추천 코스

정동진은 강릉시에 소속되어 있다. 또한, 청량리역에서 출발하는 기차는 정동진에서 정차한 다음 강릉에서 종착하므로 시간만 된다면 강릉 시내권에 속한 관광지들과 연계해서 관광하면 좋다.

정동진의 일출을 봤다면 걸어서 모래시계 공원과 썬크루즈 리조트까지 본 다음 기차로 강릉으로 이동하는 것이 좋다. 정동진역에서 강릉역까지 15~20분 정도 소요된다.

강릉역에 도착한 후에는 강릉역 앞에서 202번 시내버스를 이용해 오죽헌(강릉 시립 박물관)과 여름에 연꽃이 피면 더욱 아름다운 강릉을 대표하는 한옥 선교장, 그리고 경포대와 경포호, 경포호 변으로 이전한 참소리 박물관, 경포 해수욕장까지 볼 수 있다. 이 일정을 소화하려면 밤 기차로 와서 밤 기차나 심야 고속버스로 돌아가야 한다.

정동진 일출 – (도보 5분) – 모래시계 공원 – (도보 10~15분) – 썬크루즈 리조트 – (도보 15~20분) – 정동진역 – (기차 15~20분) – (강릉 기차

역 앞에서 202번 시내버스 이용) – 오죽헌(강릉 시립 박물관) – (202번 시내버스 이용) – 선교장 – (202번 시내버스 이용) – 경포대(경포호, 참소리 박물관, 경포 해수욕장)

바다 열차

정동진과 강릉을 연계해서 여행한다면, 바다 열차를 이용해 보자. 바다 열차는 강릉에서 삼척까지 해안선 58km 구간을 80여 분 동안 달리는 관광 열차로 모든 좌석이 창 쪽으로 배치되어 있다. 총 세 량의 초미니 열차다. 정동진에서 강릉행 바다 열차에 올라선 순간 58km 전 구간 중 가장 아름다운 정동진~안인 구간의 코발트 빛 동해의 비경이 펼쳐진다.

바다 열차 안에는 와인과 초콜릿, 쿠키, 사진 촬영 서비스를 받을 수 있는 연인들만을 위한 특별한 공간인 프러포즈실이 3실 있다. 특별한 이벤트를 생각하는 연인에게는 최적의 공간이다. 하지만 정동진~강릉 구간은 20여 분간의 짧은 여정이므로, 비용이 부담된다면 프러포즈실이 아닌 특실로도 충분히 로맨틱한 데이트를 할 수 있다.

◉ 열차 정보

요금 일반실 12,000원(1인), 특실 15,000(1인), 프러포즈 룸 50,000원(2인)
문의 033-573-5473~4
홈페이지 www.seatrain.co.kr / 예약 필수

바다 열차를 타고 낭만적인 프러포즈를~

하슬라 아트 월드의 고백의 의자

하슬라 아트 월드의 소나무 정원을 따라 바다를 등 뒤에 두고 산을 오르면 곳곳에 시선을 끄는 쇠 의자가 있다. 반성, 깊은 생각 등 각각의 이름을 가진 의자들 중에는 '고백의 의자'가 있다. 시작하는 연인들에게 이 고백의 의자는 큰 의미가 있을 것이다. 의자의 재질을 차가운 쇠로 만든 것은 너무 오래 있지 말라는 뜻이라니 용기를 내어 연인에게 고백해 보자.

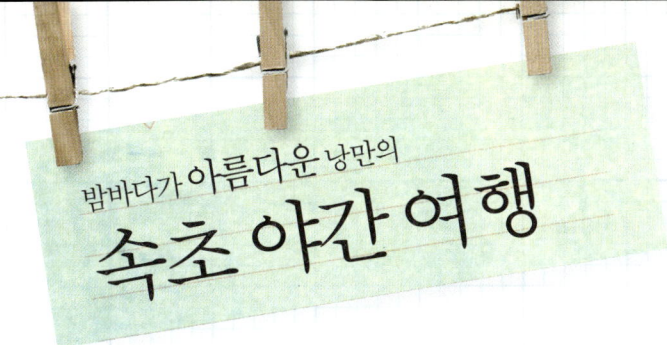

밤바다가 아름다운 낭만의

속초 야간 여행

가끔 여행에서도 발상의 전환이 필요할 때가 있다. 속초나 강릉 등 동해로의 여행에서 사람들이 가장 먼저 떠올리는 것은 일출 여행이다. 하지만 속초처럼 밤바다가 아름다운 곳도 없다. 벨벳같이 은은한 광택을 가진 밤바다 위로 수십 개의 다이아몬드를 흩뿌려 놓은 듯한 속초 해수욕장의 풍광은 신비로움 그 자체다.

연인을 위한 특별한 공간

속초 해수욕장은 사계절, 밤, 낮 모두 다른 얼굴을 가진 매력적인 해변이다. 속초 고속버스 터미널에서 도보로 5분이면 도착할 수 있는 도심 속 해수욕장으로도 유명한 속초 해수욕장에는 연인만을 위한 특별한 공간이 있다. 1,200m 해안 한쪽에 있는 산호 & 사랑이라는 조형물이 그것이다. 유독 많은 연인이 모여드는 그곳에는 대리석 하트 조형물에 연인이라면 누구나 가슴을 간질거리는 문구가 쓰여 있다.

이곳은 유라시아 대륙의 맨 동쪽 끝 해가 가장 먼저 뜨는 곳입니다. / 대륙의 아침이
이곳에서 비롯되듯 사랑과 희망도 바로 이곳에서 출발합니다. / 이 조형물은 산호

INFORMATION ★★★★☆

위치 강원도 속초시 조양동 속초 해수욕장
문의 속초 종합 관광 안내소 033-639-2690
요금 무료

초의 '환상적 꿈'과 물고기의 '역동적 희망' 그리고 그 꿈과 희망을 귓가에 전해 주는 '소라'를 형상화한 것으로 저 바다 깊은 곳에서 사랑으로 잉태한 모든 것이 저 붉은 태양에 의지해 충실한 열매를 맺어 우리 모두에게 일일이 전달되기를 염원하고 있습니다. / 이곳에서의 언약은 저 태양이 불길을 거두고 이 바다가 다 마를 때까지 영원할 것이니, 다시금 새롭게 사랑을 맹세해 두시기 바랍니다.

특히 마지막 문구에 자극받아서일까? 산호 & 사랑 조형물 근처에서는 유달리 연인들의 속삭임이 많이 들려온다. 산호 & 사랑 조형물 근처에는 연인들에게 사랑받는 또 다른 명물, 하트 나무가 있다. 나뭇가지 위 잎사귀가 모두 하트 모양인 이 나무는 특별한 추억을 남기고 싶어하는 연인들의 사진 촬영 장소로 인기다.

설악 워터피아의 야외 테마 온천탕

속초 해수욕장 이외에도 속초에는 매력적인 밤 여행지가 있다. 설악 워터피아(위치 강원도 속초시 장사동 24-1/ 문의 033-630-5500/ 홈페이지 www.seorakwaterpia.co.kr)의 야외 테마 온천탕인 스파 밸리와 엑스포 공원의 엑스포 타워가 그 주인공. 설악 워터피아의 야외 테마 온천탕인 스파 밸리에 조명이 켜지고 뜨거운 온천수가 차가운 밤공기를 만나 아지랑이를 만들면 로맨틱한 분위기가 최고조를 이룬다. 스파 밸리는 설악산이 바라보이는 야외 경사로에 인공 암벽을 설치하고 용두탕, 에어 스파, 가든 스파, 우드 스파, 동굴 사우나, 웰빙 스파, 맥반석 찜질방, 시즌 스파, 마운틴 스파, 전망 사우나, 레인 스파 등을 갖추고 있다. 이 중 두 사람이 들어가면 안성맞춤인 커플 스파는 탕 안에 몸을 담그고 아름다운 설악산의 풍광에 빠져들 수 있어서 커플 스파는 연인들에게 인기 만점의 장소다. 이외에도 엑스포 공원의 엑스포 타워 전망대에서 바라보는 속초시와 동해의 야경은 속초 야간 관광의 백미 중 하나다.

테디 베어와 함께하는 아기자기한 속초의 낮

속초의 밤이 고혹적이라면 속초의 낮은 아기자기하다. 설악 워터피아 인근에는 좋은 명소들이 많다. 연인끼리 사진 찍기 좋은 아기자기한 테디 베어 팜이 있으며, 출출한 배를 채우기에 좋은 속초의 명물 먹을거리인 학사평 순두부촌이 있다. 마지막으로 설악 워터피아에서 도보로 5분이면 이동 가능한 '대조영 촬영장'도 주목받는 관광지다. 2만 7천여 평의 부지 위에 당나라 황궁, 고구려, 발해 시대의 궁궐, 마을 등 실내 스튜디오와 140여 동의 세트 건물들이 수려한 경관 위에 세워져 있다.

INFORMATION ★★★★☆

테디 베어 팜

위치 속초시 노학동 1073-66
문의 033-636-3680
시간 09:30~18:00/ 매주 화요일(방학 기간 제외) 휴
요금 어른 5,000원, 청소년 4,000원, 어린이 3,000

동해가 들려주는 음악에 취해 보자

　　속초 여행의 백미는 아무리 좋은 관광지와 비교한다고 해도 동해와 설악
산이다. 이 중 가슴이 탁 트이는 바다의 소리를 듣고 싶으면 동명항에 있는 속초 등대
전망대로 가 보자. 높이 10m의 하얀 원형의 속초 등대 전망대에서 바라보는 동해의
절경은 속초 8경 중 제 1경이다. 조금 힘들기는 하지만 195개의 철 계단을 이용해 등
대 전망대의 옥외 전망대에 오르면 동쪽으로는 끝없이 이어진 짙푸른 동해, 북쪽으로
는 금강산 자락을 품은 기나긴 동해의 해안선이 눈을 아리며, 서쪽으로는 설악산이 병
풍처럼 청초호와 속초 시내를 품고 있는 것을 볼 수 있다. 속초 등대 전망대가 위치한
영금정은 과거에는 정자 모양의 돌로 된 기암괴석이었다. 이 바위에 파도가 부딪혀 만
들어 내는 파도 소리가 신묘한 거문고 소리 같다 해서 붙여진 이름이 영금정. 안타깝게
도 일제 시대 속초항 개발을 위해 이 돌을 깨 사용하여 현재는 넓은 암반으로 변했다.

INFORMATION ★ ★ ★ ★ ☆

동명항
위치 강원도 속초시 영랑동 1-7 1통 1반
문의 속초시 관광 안내소 033-639-2690
요금 없음

이런 영금정의 전설을 상기시키는 곳이 영금정 해맞이 정자다. 전국적인 명성을 얻고 있는 해맞이 명소인 이곳은 정자 자체의 아름다움보다는 정자에서 듣는 파도 소리가 압권이다. 옛 영금정의 전설을 상기시키는 이곳에 서면 동해 위에 홀로 떠 있는 듯한 느낌이 들 정도로 신비롭다. 연인과 함께 영금정 정자에 서서 살며시 눈을 감고 동해가 들려 주는 음악에 취해 보자. 가슴 속에 있는 이야기들이 연인에게 바다의 소리가 되어 전해지는 듯하다.

영금정 해돋이 정자를 품은 동명항은 속초를 대표하는 어항으로 새벽 5~7 시쯤이면 밤새 조업을 마친 어선들이 항구에 들어와 와자지껄 활기가 넘치는 곳이다. 이곳에 있는 동명항 활어 유통 센터는 적은 예산으로 활어를 즐길 수 있는 장소로 약 3만~4만 원이면 두 명이 먹기 충분한 활어회를 즐길 수 있으니, 여행 일정에 활어회가 있다면 이곳을 이용하면 좋다.

★ 맛집

속초와 강릉은 순두부로 유명하다. 바닷물을 간수로 두부를 만들기에 맛이 담백하고 깔끔하기로 유명한 속초의 순두부는 서울에서 주로 먹는 매운 순두부가 아닌 순두부의 순수한 맛을 느낄 수 있는 맑은 순두부로, 간장에 비벼 먹는 맛이 고소하기 이를 데 없다. 학사평 순두부촌에서 맛볼 수 있다.

학사평 순두부촌의 순두부집들은 대부분 일정 수준 이상의 맛을 자랑하지만 이 중 재래식 할머니 순두부(문의 033-635-5438/순두부 백반 6,000원)와 원조 김영애 할머니집(문의 033-635-9520/순두부 백반 6,000원)이 유명하다.

★ 숙박

속초에는 다양한 숙박 시설이 있다. 그중에서 한화 리조트(문의 033-635-7711)는 설악 워터피아를 같이 운영한다는 장점이 있으며, 대명 리조트(문의 033-635-8311)는 설악산을 바라보는 전경이 황홀하다.

호텔 설악 파크 (문의 033-636-7711), 켄싱턴 스타 호텔(문의 033-636-7131), 설악산 관광호텔(문의 033-636-7101)은 설악산 주변에 있는 호텔이며, 블루마린 관광호텔(문의 033-631-5533)과 속초 비치 관광호텔(문의 033-631-8700) 그리고 호텔 굿모닝(문의 033-637-9900)은 속초 해수욕장 인근에 있다.

예산에 여유가 있다면 강원도에 두 곳밖에 없는 오성급 특급 호텔 중 하나인 호텔 마레몬스(문의 033-630-7000)도 좋다. 해돋이 공원 인근의 산 중턱에 있어, 객실에서 일출을 바로 볼 수 있다.

★ 교통

속초 등대 전망대 가기

1. 속초 시외버스 터미널에서 영금정 속초 등대 전망대까지는 도보로 15분 정도 걸린다.
2. 속초 고속버스 터미널을 등지고 오른쪽으로 200m 정도 내려가면 정류장이 나온다. 이곳에서 1, 7, 9번 시내버스를 타고 영금정에서 하차하면 된다.
소요 시간 약 20분

설악 워터피아, 테디 베어 팜, 학사평 순두부촌 가기

1. 속초 고속버스 터미널을 등지고 오른쪽으로 200m 정도 내려가면 버스 정류장이 나온다. 이곳에서 시내행 시내버스 7, 7-1, 9, 9-1번 시내버스를 타고 가다 보면 거대한 은색 탑인 엑스포 타워가 있는 엑스포 공원을 지나 청초교를 건넌다.

다리를 건너면 속초 소방서 앞이라는 안내 방송이 나온다. 속초 소방서 앞에서 하차 후 도로를 건너면 속초 소방서 바로 앞이다. 이곳 버스 정류장에서 3번이나 3-1번 시내버스로 갈아타면 된다. 단 3-1, 3번 모두 한화 리조트 별관(설악 워터피아)으로는 가지만, 안으로 한참을 들어가야 하는 한화 본관 앞으로는 3번 버스만 간다. 3번은 한화 리조트 본관이 종점이므로 테디 베어 팜과 학사평 순두부촌으로 가려면 3-1번을 타야 한다.

2. 속초 시외버스 터미널에서 바다가 있는 방향으로 약 2~3분 걸어 내려오면 수복 탑 삼거리가 나온다. 이곳에서 우회전한 후 조금만 가면 수복 탑 버스 정류장이 있다. 이곳에서 3, 3-1번 시내버스 탑승 후

한화 리조트 별관(설악 워터피아)에서 하차. 약 30분 소요된다.

속초 해수욕장 가기

1. 속초 고속버스 터미널을 등지고 왼편으로 속초 해수욕장으로 들어가는 진입 도로가 보인다. 이 도로를 이용하면 속초 해수욕장까지 도보로 5분이면 갈 수 있다. 입구에 커다란 속초 해수욕장 간판이 있어서 길 찾기는 정말 쉽다.

2. 속초 시외버스 터미널 버스 정류장에서 1-1, 7-1, 9-1번 시내버스 탑승 후 속초 고속버스 터미널에서 하차해서 도보로 5분.
   소요 시간 15분 | 요금 1,000원

★ Travel Tip

여행 동선을 최소화

밤바다를 즐긴 후 속초 해수욕장 인근에 숙박을 정한다. 굿모닝 호텔을 비롯해 많은 호텔과 모텔이 밀집해 있으며, 주변에 이마트도 있어 필요 물품을 구입하기도 좋다.

야간 스파 체험

설악 워터피아의 야간 스파 체험은 많은 사람이 추천하는 낭만적인 야간 관광 데이트 코스다. 스파 밸리에 조명이 들어오고 온천에서 흘러나오는 안개가 깔리면 은밀하고 로맨틱한 분위기가 설악 워터피아를 가득 채운다.

16:00시 이후에는 오후 요금, 19시 이후에는 야간 요금으로 요금이 할인되니, 1박 2일 이상의 일정을 원한다면 설악 워터피아의 야간 스파에 도전해 보자. 한화 리조트 숙

박객에게는 요금 할인이 된다. 통신사 할인과 신용카드 할인이 종류별로 20~40%까지 된다. 홈페이지를 통해 확인 후 이용하자.

★ 도시 간 이동

속초는 기차역이 없다. 이에 대중교통 이용자들은 반드시 속초 고속버스 터미널이나 속초 시외버스 터미널을 이용해야 한다. 속초 시외버스 터미널 인근에는 동명항이, 속초 고속버스 터미널 인근에는 속초 해수욕장이 있으니, 동선을 생각해서 이용하는 것이 좋다.

서울에서 오는 관광객이라면 서울 고속버스 터미널에서 속초 고속버스 터미널로 오는 고속버스를 이용한다. 2시간 30분이 소요된다. 동서울 종합 터미널에서 속초 시외버스 터미널로 오는 버스는 노선, 정차 횟수별로 소요 시간이 2시간에서 4시간까지 차이가 난다.

서울에서 속초까지 가장 빠른 시간에 도착하는 시외버스는 무정차 버스로 2시간 소요된다.

운행 시간 첫차 06:30~막차 23:30 | **배차 간격** 약 30분 | **소요 시간** 4시간 | **요금** 일반 버스 14,900원, 우등 버스 22,000원, 심야 버스 24,200원

★ 추천 코스

3-1번 시내버스로 즐기는 로맨틱 속초 당일 코스

동명항(속초 등대 전망대, 영금정) → 동명항 활어회 센터 → 설악 워터피아 → 학사평 순두부촌 → 테디 베어 팜 → 속초 해수욕장

추천 1박 2일 일정

속초 해수욕장은 속초 고속버스 터미널 바로 앞에 있고, 해수욕장 근처에는 숙소가 많이 있어 숙박이 편하다.

A Course 청초호 자전거 하이킹 및 엑스포 타워 전망대 → 갯배 체험 및 아바이 마을(속초 미각 여행 편 참조) → 속초 해수욕장에서 밤 바다 즐기기 → 속초 해수욕장 근처에서 숙박 → 동명항 일출(속초 등대 전망대, 영금정 정자, 활어회) → 설악 워터피아 → 학사평 순두부 → 테디 베어 팜

B Course 대포항(활어회, 설악 해맞이 공원 바닷가 산책길) → 테디 베어 팜 → 설악 워터피아 야간 스파 밸리 → 숙박 → 동명항 일출(속초 등대 전망대, 영금정

정자, 활어회) → 갯배 체험 → 엑스포 자전거 하이킹 → 속초 해수욕장

2박 3일 일정

2박 3일 일정이라면 속초 여행의 하이라이트인 바다, 산, 호수를 모두 즐길 수 있다. 특히 설악산을 둘러볼 수 있어 좋은 일정이다. 단, 첫날에 설악산에 오르고 나면 근육통으로 나머지 일정들이 힘들 수 있으므로 설악산은 둘째 날이나 마지막 날로 돌리는 것이 좋다. 등산 후 온천으로 피로를 푼다.

동명항 → 갯배 체험 → 엑스포 공원 → 속초 해수욕장 야간 데이트 → 숙박 → 대포항 및 해맞이 공원 일출 → 설악산 반나절 코스 → 설악 워터피아 → 숙박 → 테디 베어 팜 → 학사평 순두부

연인들을 위한 호젓한 드라이브 코스 '화암사 가는 길'

청초호를 지나 한화 리조트, 대명 리조트를 거쳐 화암사에 이르는 '화암사 드라이브 코스'를 처음 접하는 사람들은 그 신비로운 아름다움에 흠뻑 젖어들 수밖에 없다. 설악산 울산바위의 호위를 받으면 산자락을 따라 달리다 보면 설악산의 비경이 파노라마가 되어 차창을 가득 메운다. 봄이 되면 벚꽃, 가을이 되면 단풍, 겨울이면 눈 쌓인 설악산의 설경이 마치 스위스의 여행 엽서인 듯하다.

이 아름답고 한적한 드라이브 코스의 종착역인 화암사(문의 033-633-1525)는 작지만 거대한 동해와 금강산을 모두 품은 명사찰이다. 금강산 일만 이천 봉 중 남쪽 첫 봉우리인 신성봉 아래에 있어 금강산 화암사라 불린다. 화암사는 세 가지로 유명

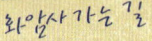
화암사 가는 길

하다. 일명 쌀바위로 불리는 수(秀)바위와 계곡 위에 아슬하게 서 있는 경내의 다원인 란야원(문의 031- 633-9998), 그리고 일주문을 지나 본당까지 이어진 울창한 가로수길이다.

사찰 구경을 마쳤다면 이젠 잼버리 야영장을 지나 동해를 향해 달려 보자. 설악산과 금강산을 뒤로하고 동해를 향해 뛰어드는 듯한 특별한 정취를 느낄 수 있다. 산과 바다, 호젓한 사찰까지 일석삼조의 특별함을 가진 드라이브 코스를 놓치지 말자.

⊙ 찾아가는 길

화암사는 행정 구역은 고성이지만 속초에서 가깝다. 안타깝게도 대중교통 편은 없기에 반드시 승용차로만 갈 수 있다. 속초에서 간다면 미시령 방향으로 달리다 대명 리조트를 지나면 화암사 가는 표지가 나온다. 이곳에서 5~10분 소요.

Couple Date

**Part.3 커플들만의 은밀한
1박 2일 여행**

아련한 달빛에 취하고 싶은
경주 달빛 여행

경주는 혼자 있고 싶을 때, 또는 사랑하는 이와 아련한 달빛에 취하고 싶을 때 찾게 되는 곳이다. 천 년의 역사를 자랑하는 신라의 수도 경주는 불국사와 석굴암이 자리하고 있는 곳으로 대한민국 사람이라면 누구라도 한번쯤은 들렀을 유명한 관광도시다. 그래서 오히려 식상함이란 억울한 수식어가 붙게 된 곳이다. 열 번을 가도, 스무 번을 가도 불국사는 아름답지만 꼭 불국사만이 경주의 모든 것은 아니다. 이젠 경주의 다른 매력에 빠져 보자. 사람들의 발자취가 적어지고, 아름다운 천 년 고도에 벨벳 같은 어둠이 내리고 달빛이 뿌려지면 경주는 또 다른 얼굴로 화려하게 변신한다.

산책하듯 둘러보는 경주 시내 자전거 여행

서울에서 경주까지 버스로 4시간 30분, 오랜 여정으로 피곤한 몸을 추스르고 딱딱한 버스에서 발을 내리면 오래된 도시만의 고요하고 아늑한 공기가 여행객의 지친 심신을 다독인다. 도시 전체가 박물관으로 불릴 정도로 장대한 유적의 보고인 이 천 년 고도는 대다수의 유적지가 세계 문화유산으로 지정되어 있다.

연인과 손잡고 가벼운 마음으로 산책하듯 둘러보기에 좋은 경주 시내권

INFORMATION ★★★★☆
국립 경주 박물관 입장료 무료 / 시간 09:00~18:00, 매주 월요일 휴
대릉원 입장료 1,500원 안압지 입장료 1,500원
첨성대 입장료 500원 계림 입장료 무료
내물왕릉 입장료 무료 반월성 입장료 무료

유적지인 대릉원, 첨성대, 계림, 반월성, 안압지, 국립 경주 박물관은 반나절이면 족하다. 하지만 적당한 속도감과 낭만을 체험해 보고 싶다면 자전거 여행만 한 것도 없다. 경주 고속버스 터미널 앞 도로 건너편에는 자전거와 스쿠터 대여점이 꽤 많이 모여 있다. 반나절에 10,000원 정도면 자전거를 대여할 수 있으니 이곳에서 경주 하이킹 여행을 시작하는 것이 좋다. 자전거에 오르기 전 고속버스 터미널 옆 관광 안내소에서 관광 지도 한 장을 챙긴 후 5분여나 달렸을까? 벌써 대릉원 담이 지척이다.

거대한 능이 만들어 내는 신비함, 대릉원

경주 야경 여행의 첫 기착지인 대릉원 정문에 자전거를 세우고 경내로 들어서니 고분들이 만들어 내는 푸른 능선의 파도가 시야를 가득 메운다. 이 신비롭고

거대한 푸른 능선의 파도는 대릉원에서만 볼 수 있는 장관이다. 대릉원이란 이름은 삼국사기에 '미추왕(味鄒王)을 대릉(大陵:竹長陵)에 장사 지냈다.'라는 문구에서 유래되었다. 신라 시대 왕족과 고위 귀족들의 무덤 23기가 모여 있는 곳으로 총면적이 12만 5,400평에 이른다. 이 20여 기의 무덤 중 가장 유명한 무덤이자 유일하게 내부가 공개된 무덤이 천마총이다. 5~6세기경 어느 왕의 무덤으로만 추측되는 이 이름 없는 무덤은 발굴 당시 금관을 비롯해 11,500여 점의 유물이 쏟아져 나와 전 국민을 놀라게 했었다.

천마총의 이름은 자작나무 껍질에 하늘을 나는 말, 즉 천마를 그려 놓은 천마도가 발굴되어 이름 붙여진 것이다. 무덤 내부를 볼 수 있도록 전시실을 꾸며 놓고 복제품이긴 하지만 출토 당시의 유물들을 그 당시 모습 그대로 전시해 놓고 있어 구경하는 재미가 있다. 천마총 구경을 마쳤다면 대릉원 경내에 잘 조성된 산책로를 즐겨 보자. 거대한 고분들과 그 사이로 잘 조성된 나무들이 조화롭게 자리하고 있어, 연인들의 산책 코스로는 더없이 좋은 곳이다.

01~03 안압지의 야경 04 첨성대 야경

화사한 여인처럼 아름답게 변하는 첨성대

대릉원을 나와 길을 건너면 끝없이 펼쳐진 푸른 잔디밭을 볼 수 있다. 동부 유적지대다. 동부 유적지대로 들어서면 깨끗하게 닦인 보도를 따라 오른편으로는 다섯 기의 고분들이, 왼편으로는 첨성대가 보인다.

첨성대를 처음 보는 사람들은 사진으로만 보던 첨성대의 거대함에 놀라게 된다. 지름 5.17m, 높이 9.4m로 생각보다 거대한 이 석조 구조물은 동양에서 가장 오래된 천문 관측대다. 음력으로 1년을 상징하는 높이 약 30cm의 화강암 362개를 사용하여, 정자석까지 포함해 28개의 기본 별자리를 상징하는 28단으로 축조했다. 최상층부 정자석의 면은 정확히 동서남북을 가리킨다.

신증동국여지승람(新增東國輿地勝覽)에 "첨성대 안을 통해 사람이 오르내리며 천체를 관측했다."는 기록이 있다. 이를 증명하듯 첨성대 남쪽 중심 부분에는 1m 높이의 네모난 출입구가 있다. 사다리를 이용해 내부로 들어간 후 19단과 20단 사이, 25단과 26단 사이에 걸쳐진 커다란 정자석을 이용해 내부에서 다시 두 개의 사다리를 놓고 반쯤 막혀 있는 정상 부근으로 올라가 별자리를 관측했을 것으로 추측하고 있다. 출입구 아랫부분 내부는 흙으로 채워져 있다.

봄이 되어 유채꽃과 벚꽃이 피면 첨성대 주변은 애벌레가 나비로 변하듯 변모한다. 첨성대 주위 16만 7천㎡에 노란 유채꽃이 피어오르면 한눈에 담기도 어려울 정도로 광활한 꽃의 대평원이 펼쳐지고 그 주위를 연분홍빛 벚꽃 나무들이 꽃띠를 두른 듯 에워싼다. 첨성대와 어우러진 꽃의 대평원은 숨을 멈추게 하는 마력 같은 아름다움을 뿜어낸다. 첨성대 부근 꽃밭은 계절이 바뀌어 유채꽃이 지면 그 주인을 황화 코스모스로 바꿔 주홍빛 꽃밭으로 변신한다. 대릉원에서 안압지까지의 이 동부 유적 지구는 밤이 되면 더욱 황홀하다. 어둠이 내리고 가로등과 첨성대에 조명이 들어오면 여인이 화장하듯 화사하게 변신한 첨성대와 그윽한 달빛 향기를 한껏 머금은 유채꽃에 그 분위기가 사뭇 그윽해진다. 연인들의 낭만 데이트 코스로 좋은 곳이다.

애잔한 분위기 가득한 천 년 신라의 왕궁터, 반월성

첨성대 앞 시원스레 펼쳐진 잔디밭 끝에는 신비롭게 서 있는 다섯 기의 능이 있다. 그중 가장 안쪽에 있는 것이 신라 제17대 왕 내물왕 능이다. 신라 김씨 왕조의 기틀을 마련한 왕의 능이어서일까? 김씨 왕조의 시조인 김알지의 탄생 설화가 내려오는 계림 옆에 있다. 첨성대에서 반월성 쪽으로 가다 계림을 끼고 우측으로 경주 향교를 지나면 만날 수 있다. 하지만 거대한 고분이 가지는 신비로움은 멀리서 바라보는 것이 더 나을 때도 있다.

신라 김씨 왕조의 성지이자 경주 시내에서 가장 오래된 숲인 계림 안에는 조선 순조 3년(1803년)에 세워진 김알지 탄생에 관한 기록이 새겨진 비가 있다. 수백 년은 되었음 직한 왕버들과 느티나무들로 구성된 이 울창한 숲을 지나면 반월성이다.

그 모양이 반달 같다 하여 반월성으로 불리는 이 성은 월성, 재성 등으로 불리던 천 년 신라의 왕궁터다. 이 오래된 토성은 세월의 무게를 이기지 못하고 깎이고 스러져 지금은 얕은 구릉처럼 그 흔적만을 드러내고 있다.

하지만 봄이 되어 월성 위 벚나무들이 꽃을 피우고 벚꽃 잎이 흩날리면, 화사하면서도 애잔한 분위기가 느껴져 과거 화려했을 신라 시대의 반월성을 추억하게 한다. 월성 안에는 조선 시대에 만들어진 석빙고가 있다. 석빙고를 지나 흙길을 곧게 가면 월성이 끝나고 아스팔트 도로를 만난다. 이 도로 우측으로 5분만 가면 경주 국립 박물관이고 길을 건너면 안압지다. 국립 경주 박물관은 신라의 천 년 역사를 압축해 놓은 곳이다. 2,500여 점의 유물 중 가장 관람객의 눈길을 사로잡는 것은 성덕대왕신종, 즉 에밀레종이다. '이전에도 없고 이후에도 없고, 오직 하나 에밀레종이 있을 뿐이다.'라는 격찬을 받는 국보 제29호 에밀레종은 현재 균열이 가 그 생생한 소리는 들을 수 없지만 아직도 아름다운 비천상을 자랑하며 국립 경주 박물관의 한쪽에 당당히 자리하고 있다.

경주 최고의 야경 관광지, 안압지

국립 경주 박물관을 나와 길을 건너 왼편으로 5분만 가면 안압지다. 임해전지라는 정식 명칭이 있지만 안압지라는 말이 더 익숙한 이 별궁은 통일 신라 시대 최고의 연회 장소였다. 임해전과 안압지는 삼국 통일의 대업을 이룬 문무왕이 조성했다. 〈삼국사기〉에 문무왕 14년(674)에 궁 안에 못을 파고 산을 만들어 화초를 심고 귀한 새와 기이한 짐승 등을 길렀다고 전한다. 그 당시 안압지의 이름은 월지였다. 이렇게 아름다운 이름이 안압지로 바뀌게 된 연유는 폐허가 된 월지에 기러기와 오리가 계속 날아들어 조선 시대에 이르러 안압지가 된 것이다. 안압지는 크지 않은 연못이지만 바다를 그리며 조성하였기에 바다가 그러하듯 어느 전각에서도 연못 전체를 조망할 수 없다. 밤이 되어 안압지에 어둠이 내리면 임해전을 복원한 세 채의 전각과 안압지에 화려한 조명이 들어온다. 경주 최고의 야경 관광지로 꼽히는 안압지를 연인과 함께 산책하며 안압지의 밤에 흠뻑 젖어 보자. 별빛마저 무색하게 만드는 매혹적인 야경을 자랑하는 안압지의 야경은 밤 10시까지만 볼 수 있다.

2010년 전반기까지만 해도 이 아름다운 야경지에서 토요일 밤만 되면 다채로운 문화 공연들이 펼쳐졌다. 국내 최고 수준의 전통문화 공연들을 온옥과 비취를 깎아 만든 듯한 안압지의 신비로운 비경과 함께 감상할 기회는 사라졌지만, 그 수준 높은 공연들은 이제 경주 시내에 있는 노동고분군 내 봉황대에서 무료로 감상할 수 있다. 봉황대 뮤직 스퀘어 공연(문의 054-748-7721)은 매년 5월 초에서 10월 초까지 매주 금요일 오후 8시에 진행한다. 해마다 공연 기간 및 시간은 약간씩 다르다.

★ 맛집

쌈밥

다채로운 채소와 스무 가지가 넘는 반찬 가짓수를 자랑하는 쌈밥집들은 대릉원 정문 근처에 밀집해 있다. 유명세를 탄 식당 중 삼포 쌈밥집(문의 054-749-5776/대표 메뉴 쌈밥 9,000원)이 가장 깔끔한 맛을 낸다.

대릉원 근처에는 쌈밥집 이외에도 한정식으로 유명한 도솔 마을이 있다. 도솔 마을(문의 054-748-9232/ 수리산 정식 8,000원 시간 12:00~22:00 중 15:00~17:00는 영업하지 않는다. 첫째 주 수요일은 휴무)은 100여 년이 넘는 운치 있는 한옥에서 수수하면서도 감칠맛 나는 한정식을 만들어 낸다. 대릉원을 마주 보고 왼편의 작은 골목으로 진입해서 담을 끼고 걸으면 5분이면 도착이다.

오랜 기간 경주 여행객들의 입맛을 사로잡은 검증된 맛집으로 숙영 식당(문의 054-772-3369)이 있다. 대표 메뉴는 찰보리밥 정식(8,000원)으로, 간단하게 설명하자면 보리 비빔밥이다. 고슬고슬 맛있게 지은 보리밥에 갖은 채소를 넣고 된장과 함께 쓱쓱 비벼 먹는 맛이 으뜸이다.

곁들여 나오는 반찬들도 거창한 한정식까지는 아니더라도 정갈하고 풍성하다. 대릉원 근처에 있다.

황남빵

황남빵은 이름의 유래 그대로 지금도 황남동에 있다. 경주역에서 도보 10분, 대릉원 후문 근처에 있다. 국산 팥으로 팥 앙금을 만들고 얇은 빵 껍질 안에 팥 앙금을 가득 넣고 국화나 와당 문양을 찍은 후 구워 만든다. 방부제를 넣지 않고 손으로만 만드는 것으로 유명한 황남빵은 전국 택배 서비스를 할 정도로 인기 있는 경주만의 특산품이기도 하다. 몇 개 사 들고 다니면서 우유와 함께 먹으면 여행 중 간식으로 그만이다.

문의 054-749-7000 | 홈페이지 www.hwangnam.co.kr

순두부

보문 단지 내 먹을거리로 손꼽히는 것은 순두부다. 보문 단지 한쪽에 순두부촌이 조성될 정도로 인기몰이하고 있는 순두부의 원조는 맷돌 순두부(문의 054-745-2791/ 맷돌 순두부찌개 7,000원, 맷돌 순두부 7,000원)로 언제 찾아가도 긴 줄을 서야 할 정도로 인기다.

바로 구워 나오는 윤기 도는 꽁치와 짭조름한 비지찌개, 삭힌 고추와 대여섯 가지의 깔끔한 밑반찬이 고소한 순두부와 어우러져 맛이 일품이다. 담백한 순두부와 얼큰한 순두부찌개를 함께 주문하면 금상첨화. 출입구 앞에 비지를 큰 솥에 넣어 두고, 손님들이 원하는 만큼 무료로 가져가게 한다.

★ 숙박

❶ 경주는 오래된 관광 도시답게 오성급 호텔부터 민박까지 다양한 숙박 시설을 갖추고 있다. 고급 호텔들과 콘도는 보문 단지에 밀집되어 있고 한옥의 향기를 느끼며 숙박을 할 수 있는 민박은 경주 시내에 많다. 모텔은 경주 시외·고속버스 터미널 인근에 밀집해 있다.

❷ 불국사 앞쪽으로도 숙박업소가 많이 밀집되어 있으나 석굴암 일출을 보려는 여행객이나 단체 수학 여행객이 아니면 시내에서 멀어서 많이 이용하지 않는다. 민박과 단체 여행객을 대상으로 한 유스텔 형식의 장급 여관들이 밀집되어 있다.

❸ 경주는 유네스코 세계문화유산으로 지정된 유적 도시이기에 외국인들이 많은 찾는 여행지다. 외국인들은 한옥 민박을 선호한다. 독립된 샤워 시설과 싼 가격, 아침 식사 제공 등을 꼼꼼히 따지기에 이런 실리적인 조건들을 중요하게 생각하는 여행객이라면 외국 여행객이 애용하는 곳을 이용해 보는 것도 좋다. 그 대표적인 한옥 민박으로 사랑채가 있다.

〈론니 플래닛〉에도 소개된 사랑채(문의 054-773-4868/ 요금 1인 25,000원(공동욕실 사용), 1인 30,000원(개별 욕실 침대방), 4인 가족실 50,000원(개별 욕실)/ 홈페이지 www.kjstay.com)는 대릉원 인근에 있는 한옥 민박으로 외국인이 많이 이용하기에 대부분 방이 독립된 샤워실을 갖춘 침대방으로 꾸며져 있다. 샤워실이 없는 방은 칸 칸으로 분리된 공동욕실을 제공한다.

공동으로 사용하는 식당에는 아침 식사용으로 토스트, 달걀, 잼, 마가린 등을 무료로 비치해 놓으며, 라운지에는 인터넷이 가능한 컴퓨터가 있다. 공동 식당이기에 아침 식사 시간이 되면 전 세계에서 온 외국 여행객들을 만날 수 있다. 이들과의 만남은 여행의 또 다른 재미다. 단, 커플은 부부만 예약 가능.

고도(문의 054-775-2882/ 요금 2인실 기준 50,000~60,000원/ 홈페이지 www.godominbak.com)는 경주역에서 가까운 곳에 있는 교통이 좋은 민박집으로 소박한 가정집 분위기이다.

❹ 경복궁 복원 작업 이후 최고로 많은 한옥 전문 목수를 동원해 지은 우리나라 최초의 한옥 호텔 라궁(문의 054-778-2100/ 요금 스위트 한옥 1채 숙박료 주중 300,000원, 주말 350,000원)은 객실마다 노천탕을 갖추고 있다. 객실 문을 열면 마루가 보이고 그 너머 작은 안 마당에 돌로 짠 사각형의 노천탕이 있다.

노천탕에 몸을 담그고 한옥 처마 너머로 신라의 달을 감상하는 맛이 남다르다. 보문 단지 밀레니엄 파크 내에 있다.

★ 교통

대릉원, 첨성대, 계림, 반월성, 안압지, 국립 경주 박물관은 모두 고속버스 터미널과 경주역에서 20분 이내로 도보 이동이 가능한 곳이다.

불국사나 보문 단지를 가려한다면 경주역과 경주 시외, 고속버스 터미널 앞에서 10, 11번 버스를, 감포 지역에 있는 문무대왕 수중릉과 감은사지를 가려 한다면 경주역 앞에서 150번을 이용하면 된다. 버스 정류장은 불국사, 보문 단지행 시내버스 탑승장과 같다.

★ Travel Tip

❶ 신라문화원에서 주관하는 달빛, 역사 기행에 참가해 보는 것도 좋다. 야간 조명으로 화려한 면모를 자랑하는 경주 유적지들을 문화 해설사와 함께 둘러보는 프로그램으로 코스와 운영 일은 약간씩 달라지므로 전화나 홈페이지 확인 후 신청하는 것이 좋다.

달빛 신라 역사 기행

문의 신라 문화원 054-774-1950 | 예약 2일 전 사전 예약 | 기간 4~10월 매월 1~2회 토요일에 진행 | 요금 22,000원

❷ 스쿠터 여행도 추천할 만하다. 고속버스 터미널 앞 도로 건너편에 스쿠터 대여점이 많이 있으며 24시간 대여에 125cc(2인용)는 45,000원, 50cc(1인용)는 35,000원 정도면 흥정할 수 있다. 보문 단지에서 빌릴 때 대부분 보문 단지만 둘러보는 용도이기에 1시간 대여료 20,000원, 2시간으로 흥정할 때 30,000원에도 빌릴 수 있다.

★ 도시 간 이동

과거 서울에서 경주까지는 기차로 7시간씩 걸렸지만 현재는 KTX 신경주역까지 2시간 10분이면 도착한다. 서울과 경주 간 고속버스는 4시간, 기차는 동대구역 환승 시 탑승 시간 3시간 10분, 환승 대기 시간이 보통 15~30분 정도가 된다. 한 가지 아쉬운 점은 과거 무궁화호와 새마을호 직통 기차가 경주까지 다닐 때는 시간은 오래 걸려도 갈아타는 번거로움은 없었는데 지금은 반드시 환승해야 해서 번거롭다.

KTX를 타고 KTX 신경주역 이용 시 직통으로 2시간 10분 정도 소요된다. 하지만 신경주역이 경주 시내와 많이 떨어져 있어서 KTX 신경주역에서 경주 시내까지는 시내버스로 40분 정도 이동해야 한다.

★ 추천 코스

❶ 고도의 분위기가 여행객들을 포근히 감싸 안는 경주 오랫동안 관광 도시로서 명성을 누려왔기 때문일까? 경주 시민은 여행객들에 대한 친절이 몸에 배어 있다. 누구를 잡고 길을 물어도, 미소를 잃지 않고 설명하는 그네들의 주인된 도리에 시작부터 즐거워지는 경주 여행. 경주는 도보 여행이나 자전거, 또는 스쿠터 여행이 안성맞춤이다.

시내권, 즉 대릉원으로 시작해서 첨성대, 계림, 반월성, 안압지, 경주 국립 박물관은 도보만으로도 충분하다. 하지만 많은 사람이 자전거 여행의 낭만을 그리며 자전거 여행에 도전한다.

산들바람이 부는 봄이나 가을에 경주 자전거 여행은 잊지 못할 추억을 선사한다. 시내권에서 보문 단지까지 욕심을 낸다면 자전거나 스쿠터를 대여해 둘러보아야 한다. 개인적인 견해로는 스쿠터의 편안함이 마음을 흡족하게 했다.

불국사나 감포의 문무대왕 수중릉까지 보길 원한다면 150번 시내버스를 경주역이나 버스 터미널 앞에서 이용해야 한다. 대릉원~안압지에 이르는 야경 관광 명소를 밤에 둘러보고 싶다면 시내에 있는 한옥 민박이나

고속버스 터미널 인근 모텔에 숙박을 정하는 것이 좋다.

❷ 2박 3일 이상의 일정을 잡는다면 봄, 여름이라면 벚꽃이 아름답고 여름 레저 시설이 잘 되어 있는 보문 단지에서 하루를, 가을 · 겨울이라면 단풍이 아름다운 감포 가는 길과 문무대왕 수중릉이 있는 감포의 겨울 바다를 추천한다.

한여름과 한겨울이 아니라면 골굴사(문의 054-744-1689)에서의 템플 스테이는 특별한 추억을 선사한다. 선무도의 성지라 불리는 골굴사의 템플 스테이에서는 선무도를 배울 수 있는 특별한 기회를 제공한다.

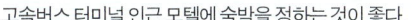

1박 2일 도보 코스
대릉원 → 첨성대 → 계림 → 반월성 → 국립 경주 박물관 → 안압지 → 숙박 → 불국사, 석굴암

2박 3일 코스(여름)
대릉원 → 첨성대 → 계림 → 반월성 → 국립 경주 박물관 → 안압지 → 숙박 → 불국사, 석굴암 → 보문 단지 내에서 산악 오토바이, 캘리포니아 비치, 애드벌룬 등 레포츠 즐기기 → 보문 단지 야경 백미인 경주 타워 레이저 쇼(금, 토요일 밤 8시) → 보문 단지 앞에서 감포행 시내버스로 이동 → 감은사지 → 문무대왕 수중릉

2박 3일 코스(겨울)
대릉원 → 첨성대 → 계림 → 반월성 → 국립 경주 박물관 → 안압지 → 시내 숙박 → 불국사, 석굴암 → 골굴암 템플스테이(숙박) → 감은사지 → 문무대왕 수중릉

보문 단지에서의 익사이팅 데이트

연인들의 야간 산책지로는 보문 단지의 중심을 잡고 있는 보문호 산책로도 좋다. 특히 벚꽃 철 보문호는 연인들의 판타지를 충족시키기에 충분하다.

보문 단지 내에는 놀이동산인 경주 월드(문의 054-745-7711)와 2008년 6월에 오픈한 캐러비안 베이와 비슷한 성격의 경주 월드 캘리포니아 비치(문의 054-745-7711)가 있다. 새로 개장한 물놀이 시설이어서 깨끗하고 시설이 좋다. 또한, 캘리포니아 비치 인근 하천에서는 산악 오토바이(요금 1시간 20,000원)를 타고 물살을 가를 수 있는 장소가 있다. 뜨거운 여름, 산악 오토바이로 물살을 가르는 재미가 쏠쏠하다. 산악 오토바이와 스쿠터 대여소는 캘리포니아 비치 앞 상가에 밀집되어 있다.

이외에도 호수를 가운데 두고 울창한 수림으로 둘러싸인 보문호를 스쿠터(1시간 20,000원, 2시간 30,000원-약간의 변동 있음)를 타고 둘러보는 것도 낭만적이다. 보문 단지를 둘러보다 보면 거대한 애드벌룬(나르고 랜드 054-777-0263)이 하늘 위로 두 둥실 떠올라 있는 것을 볼 수 있다. 연인과 함께 푸른 하늘 위에서 내려다보는 깨끗한 호수의 전경은 선경이라고밖에 말할 수가 없다. 단, 최근 수리 중이므로 문의 후 이용하는 것이 좋다. 편안하고 깨끗한 익사이팅 커플 여행지로 보문 단지만 한 곳도 찾기 어렵다.

보문 단지에서 산악 오토바이 즐기기

침대에 누워 일출을 볼 수 있는
강릉 주문진 여행

강릉 시내에서 버스로 30여 분만 달리면 전국에서 가장 많은 오징어를 출하하는 주문진항이 있다. 수십 척의 어선들이 새벽 항에 들어와 와자지껄 상인들과 홍정하며 펼치는 생기 넘치는 삶의 현장을 볼 수 있는 곳이며, 강릉권에서 가장 저렴한 가격에 활어를 먹을 수 있는 곳이다. 또한, 주문진에는 시끌벅적한 항구의 이미지와는 다른, 둘만의 시간을 보내기에 안성맞춤인 조용하고 깨끗한 주문진 해수욕장이 있다. 이외에도 일출 명소이자 쥐라기 시대 암반층이 솟아올라 해안 절경을 만든 아들 바위 공원이 있어 여행하는 재미가 가득하다.

터질 듯한 생기로 가득한 주문진항

주문진은 동해안 최대 어항(漁港)으로 '물품을 주문받아 운반하는 나루터'라는 뜻이다. 언제나 생기로 가득한 주문진항은 보는 재미, 먹는 재미, 쇼핑하는 재미가 가득한 곳이다. 특히 새벽 어시장은 놓치기 아까운 풍경으로 봄철에는 꽁치, 여름에는 오징어, 가을 겨울에는 복어와 양미리 등이 많이 들어온다. 주문진항 주변은 싼 가격에 동해 활어회를 즐기기에 최적의 장소다. 깨끗하고 고급스러운 횟집부터 길가의

난전까지 다양한 활어 횟집을 만날 수 있다. 주문진 여행의 묘미와 깔끔함을 동시에 추구하고 싶다면 회 센터를 이용하면 좋다. 주문진에는 수협 회 센터(형제 횟집), 주문진 수산 시장 회 센터, 생선회 센터, 좌판 활어 회 센터, 항구 회 센터, 방파제 회 센터 등 다양한 회 센터들이 있다.

회 센터는 횟집보다는 저렴하고 난전보다는 깨끗하다. 이 중 항구 회 센터는 주문진항 중심에 있어 접근성과 전망이 좋다. 방파제 회 센터는 주문진항에서 주문진 해수욕장 방향으로 10분 정도 걸어 올라가야 하지만 바닷가에 접해 있어 전망이 좋고 번잡스럽지 않고 깨끗하다. 회 센터 안에는 수십 개의 작은 가게가 입점해 있는데 활어 2~3마리에 멍게나 해삼 등 이것저것 끼워서 3만 원 정도면 충분히 흥정할 수 있다. 주문진은 오징어 인심이 좋아, 가격을 깎아 주는 대신 오징어 몇 마리를 더 주는 경우가 많으니 처음부터 오징어는 고르지 않는 것이 좋다.

쥐라기 시대의 기암괴석이 신비로운 아들 바위 공원

활어회로 배를 채웠다면 동해의 일출 명소인 아들 바위 공원으로 발길을 옮겨 보자. 주문진항에서 주문진 해수욕장 사이에 있는 소돌 포구 바로 뒤에 있는 아들 바위 공원은 쥐라기 공원의 암반층이 융기해서 만들어진 해안 절경이다. 소돌이라는 마을 이름은 마을 전체의 모양이 소처럼 생겨서 붙여졌다. 아들 바위 공원은 기암괴석에 부딪혀 하얗게 부서지는 파도와 기기묘묘한 암석들을 배경으로 떠오르는 일출과 아들 바위로 유명하다. 수백 년 전 아들 없는 부부가 이 바위 앞에서 백일기도를 드리고 아들을 얻은 후, 아들을 원하는 부부가 기도하면 소원이 이루어진다는 전설이 있다. 비록 아들을 원하지 않더라도 얕은 바닷물이 들어오는 해안가에 있는 동자상과 아기상 그리고 자연적인 풍화 작용으로 코끼리 모양 등 절묘한 형상을 취하고 있는 기암괴석 등이 가득한 아들 바위 공원은 매력적인 장소임에는 분명하다. 또한, 낚시터로도 인기가 좋아, 곳곳에서 낚시꾼들을 볼 수 있다. 만약 먹다 남은 회가 있다면 작은 바닷게 낚시에 도전해 보자. 기다란 막대기 끝에 먹다 남은 회를 묶고 물속 바위틈에 넣고 살살 흔들면 작은 게들이 몰려나와 쉽게 낚을 수 있다.

아들 바위 공원 바로 옆에 있는 소돌 해수욕장은 사실 주문진 해수욕장과 향호 해수욕장까지 이어진 긴 해변의 남쪽 해변으로 보면 된다. 소돌 해수욕장을 지나 주문진 해수욕장으로 들어서면 한적한 동해의 느낌에 색다른 분위기를 낼 수 있다. 주문진 해수욕장은 길이 700m, 넓이10만 5천m^2의 넓고 깨끗한 백사장을 울창한 해송이 감싸고 있는 곳이다. 한여름만 피한다면 조용한 휴식을 원하는 연인들에게 최적의 장소다. 해변이 바로 바라보이는 곳에 있는 주문진 비치 리조트에서 숙박한다면 방 안에서 동해 일출의 장관을 볼 수 있다.

194

★ 숙박

방 안에서 동해 일출을 볼 수 있는 주문진 리조트(문의 033-661-7400/ 비수기 요금 10평형 호텔형 60,000원, 콘도형 65,000원)는 조용한 주문진 해수욕장에 위치해 해안 접근성이 뛰어나고, 호텔급 시설을 모텔급 요금으로 이용할 수 있어, 주문진 일출 여행객에게는 최적의 숙박지다.

★ 교통

강릉 종합 버스 터미널 →주문진
강릉 터미널 건너편에서 302번, 315번 버스 이용. (1시간~1시간 10분) 315번 시내버스가 302번 시내버스보다 더 오래 걸린다.

오죽헌 → 주문진(강릉 시내권과 연계 관광할 때 이용하면 편리)
강릉 시내의 주요 관광지들을 도는 202번 시내버스에서 내려 오죽헌 앞 도로를 건너 300, 301, 302번 시내버스로 갈아타면 주문진항까지는 약 50분이면 도착이다.

★ 도시 간 이동

동서울 종합 터미널에서 강릉을 거쳐 주문진에 도착하는 시외버스가 있다. 소요 시간은 약 2시간 50분. 강릉에서 오고자 한다면 강릉 버스 터미널에서 시외버스로 주문진까지 이동하든지 강릉 버스 터미널 근처나 시내에서 주문진행 시내버스를 이용하면 된다.

동해의 비경이 돋보이는 카페

주문진항에서 주문진 해수욕장으로 가는 해안 도로를 가다 보면 '시인과 바다'라는 카페를 만난다. 바다를 코앞에 두고 외로이 자리하고 있는 이 멋진 카페는 여러 드라마의 단골 촬영 장소이기도 하다. 단순하게 하얀색으로 인테리어해 놓은 카페는 통유리 밖으로 보이는 동해의 비경과 조화롭게 어우러진다. 낮엔 낮대로, 밤엔 밤대로 로맨틱한 분위기가 가득해 연인들에게 맞춤인 카페다.

◉ 시인과 바다
위치 강원도 강릉시 주문진읍 주문리 144/ 문의 033-661-7730

주문진 회 센터에서 싱싱한 활어 회를 먹고, 해안 도로를
따라 분위기 있는 곳에서 커피 한잔 즐기기

별·산·강이 어우러진 곳
영월 별빛 여행

영월은 높고 험한 산들을 깊고 긴 강이 휘돌아 흐르는 아름다운 산골 마을이다. 오염되지 않은 자연 그대로의 모습을 간직한 이곳은 공해와 바쁜 도시 생활에 찌든 도시인들에겐 휴식 같은 곳이다. 여름이면 래프팅을 하기 위해 수많은 사람이 몰려드는 곳이기도 하다. 아름다운 산과 동강과 서강의 도도한 자태로 여름이면 사람들로 북적거리지만, 영월은 겨울이 더 화려하다. 별들이 겨울 하늘을 더없이 화려하게 만들기 때문이다. 겨울의 화려한 별자리를 연인과 함께 바라볼 수 있는 최적의 장소인 별마로 천문대와 하얀 눈밭에서도 유일하게 푸름을 잃지 않는 단종애사의 슬픈 이야기가 전해 오는 청령포, 영화 〈가을로〉의 촬영지인 선돌과 80~90년대의 분위기가 흐르는 〈라디오 스타〉의 촬영지가 곳곳에 남아 있는 영월읍으로 둘만의 여행을 떠나 보자.

하늘 아래 별과 가장 가까운 '별마로 천문대'

영월 기차역에서 택시를 타고 20여 분 정도만 달리면 발 아래 구름이 흐르는 봉래산 정상에 도착한다. 이 봉래산 정상에 별마로 천문대가 있다. 별마로란 '별을 보는 고요한 정상'이란 뜻이다. 이름 그대로 별마로 천문대는 국내 천문대 중 가장 깨

INFORMATION ★★★★☆

위치 강원도 영월군 영월읍 영월읍 영흥리 산 5
봉래산 정상
문의 033-374-7460
시간 3~9월 15:00~23:00(21:30까지 입장)
10~3월 14:00~22:00(20:30까지 입장)
매주 월요일 휴무
요금 성인 5,000원/ 청소년 · 아동 4,000원
홈페이지 www.yao.or.kr

끗하고 조용한 곳이다. 봉래산에 오르는 길은 무서울 정도로 가파르다. 하지만 택시로 산을 오르면 오를수록 눈 아래 펼쳐지는 장관은 감동을 더한다. 힘들게 올라간 봉래산 정상을 전부 차지하듯 빠듯이 들어서 있는 별마로 천문대, 천문대에서 산 아래를 바라보면 봉우리들이 연출하는 능선의 파도와 그 사이를 가로지르는 구름과 구름 사이로 보이는 굽이치는 동강의 유려함이 파노라마가 되어 몰려온다.

별을 보러 와서 보는 이런 절경은 특별 보너스가 아닐 수 없다. 별마로 천문대의 특별 보너스는 이뿐이 아니다. 봉래산 정상의 청정 지대엔 연인과 함께 산책하며 산림욕을 즐기기 안성맞춤인 산림욕장이 있다. 예쁜 대나무 바구니에 먹을거리를 담아서 봉래산 산림욕장에서 소풍을 즐기고, 봉래산 정상을 알리는 비석 근처에서 산바람을 맞으며 커피 한잔과 함께 일몰을 맞아 보자. 해가 지기 전 시시각각 색이 변하는 산하를 보는 것은 잊지 못할 감동이다.

수많은 봉우리와 구름 사이로 붉은 해가 지고 나면 별마로 관측대로 입장하자. 하지만 바로 관측을 할 수 있는 것은 아니다. 해가 져도 완전히 빛이 없어지기까

별자리가 가장 화려한 계절은 겨울이지만 가을도 좋다. 단풍이 곱게 든 봉래산과 어우러진 별마로 천문대의 자태 또한 곱기 그지없다. 단, 별을 보기 위해서 천문대를 찾는 이라면 여름을 피하는 것이 좋다. 동강 래프팅과 연계해서 별마로 천문대에 오르는 이들이 많기에 별 구경이 아닌 사람 구경이 되기 쉽다.

지는 30분에서 1시간 정도의 시간이 흘러야 한다. 완벽한 어둠이 내리면, 주 관측실이 있는 4층으로 올라가 별을 보면 된다. 주 관측실의 돔이 열리고 겨울밤 하늘의 환상적인 별자리들이 그 모습을 드러내면 사람들의 환호성이 들린다. 단, 추위는 각오해야 한다. 돔이 열리면 강원도 산 정상의 추위를 맨몸으로 맞아야 한다. 두꺼운 옷과 장갑, 목도리, 편하고 따뜻한 신발은 필수다. 연인에게 사랑받고 싶다면 이 시간을 위해 따뜻한 캐시미어 덮개 한 장 정도를 준비하는 것도 좋다.

　　　　날이 좋지 않아 별을 보지 못했다고 실망하지는 말자. 별마로 천문대 지하 1층에는 천체 투영실이 있다. 이곳은 8.3m의 돔 스크린에 가상의 별을 투영해 날씨에 상관없이 밤하늘의 별을 관찰할 수 있게 만들어 놓은 곳이다. 안락한 의자에 누워,

가상이라는 것이 믿기 어려울 정도로 정교하게 만들어진 별자리들이 머리 위를 휘돌아가는 환상적인 경험을 할 수 있다. 별마로 천문대의 주차장 하부에 있는 천문 과학 교육관은 밖으로는 산림욕장으로 이어지고 1, 2, 3층은 천문에 관한 전시실과 영상 강의실을 갖추고 있다. 하지만 천문 과학관의 하이라이트는 태백산맥을 은회색 프레임에 담아 놓은 듯한 전망 베란다이다. 천문 과학관의 전망 베란다는 누구나 이용할 수 있는 공간으로 캔 커피 한잔의 여유를 즐기기에 최고의 장소다. 태백산맥이 눈 아래 펼쳐지는 장관을 감상할 수 있다.

단종의 슬픔이 가득 묻어나는 청령포

온 세상이 하얀 눈에 파묻혀 버린 듯한 십여 년 전 겨울의 한 자락, 지리 조사를 위해 찾아간 서강마저 그 파란빛을 잃은 상황에서 홀로 푸르디푸르렀던 청령포가 기억난다. 단종의 억울함 때문일까, 아니면 그를 복위시키기 위한 사육신의 변하지 않는 의지 때문일까? 수백 년이 흐른 지금까지도 청령포에는 푸른 신비로움이 가득하다. 청령포는 한 면은 육육봉이라는 험준한 암벽으로, 나머지 삼면은 서강으로 둘러싸인 육지 속 섬으로 완벽한 유배지의 조건을 갖추고 있다.

단종은 이 고립무원 청령포에서 1457년 6월부터 홍수로 관풍헌으로 이관되기 전까지 약 두 달간 유배 생활을 했다. 단종은 관풍헌에서 사사되었다. 단종애사의 마침표를 찍은, 영월 동헌의 객사였던 관풍헌은 아직도 영월 읍내에 남아 있다.

2004년 '아름다운 천 년의 숲'으로 선정되기도 했던 청령포의 소나무 숲은 몹시도 신비롭다. 단종이 머물렀던 거처 주위의 많은 소나무가 단종에게 예를 올리듯

INFORMATION ★ ★ ★ ☆

청령포
위치 강원도 영월군 남면 광천리 산 67-1
문의 1577-0545(영월 관광 안내 전화)
시간 09:00~18:00, 연중무휴
요금 어른 2,000원
700원(배 요금 포함)

초가를 향해 허리를 구부리고 있으며, 그중 특히 한 그루의 소나무는 단종 어소를 향해 허리를 90도로 구부리고 있어 숙연함을 더한다. 청령포로 들어가기 위해서는 작은 배를 타야 한다. 채 5분도 안 걸리는 뱃길이지만 이 짧은 거리도 건너지 못하고 그리움만을 흘려보냈을 단종의 안타까움을 느낄 수 있다.

청령포 안의 볼거리로는 2000년에 재현한 단종 어소인 기와집 한 채와 부속 건물인 초옥 한 채, 단종 어소 안에 있는 단종 어소의 위치를 표시한 단묘유지비(端廟遺址碑), 단종이 유배 시절 갈라진 나무 사이에 앉아 울음을 터뜨렸다는 전설이 전해져 오는 천연기념물 제349호인 관음송(觀音松), 왕비 송씨를 그리워하며 쌓아 올렸다는 작은 돌탑인 망향탑, 왕에서 노산군으로 강봉되어 한양이 있는 방향을 바라보며 한탄했다는 이야기가 전해오는 노산대, 청령포에서 동서로 삼백 척, 남북으로 사백구십 척 안에서 금표나 금송에 대한 채취를 금지한다는 영조 시대의 금표비가 있다. 이 금표비는 단종이 유배되었던 곳을 보호하기 위해 세웠지만 이 지역 제한은 당시 단종에게 내려진 행동반경의 제약이라는 이야기가 있어 더욱 애절함을 더한다.

장릉과 선돌은 택시로 기본요금 거리이기에 연계 관광을 하는 것이 좋다.
장릉에서 선돌로 가는 시내버스가 있긴 하지만 택시가 편하다. 또한, 돌아올 때를 위해
택시 전화번호를 받아 놔야 한다는 점이다.

17살 소년 왕의 슬픔이 애잔히 흐르는 장릉

　　　　영월읍에서 가까운 곳에 있는 장릉은 단종의 능이다. 그 누구도 세조의 시선이 무서워 단종의 시신을 수습하지 못할 때 영월의 호장 엄흥도가 단종을 모셨다. 엄흥도는 목숨을 걸고 단종의 시신을 지게에 지고 눈 쌓인 산길을 헤매었으나 한없이 쌓인 눈에 마땅히 모실 곳이 없었다. 이때 엄흥도의 기척에 놀란 사슴이 떠나간 자리에 눈이 녹아 있었다 한다. 그곳에 단종을 모시니, 이곳이 바로 장릉이다. 장릉에는 단종을 장사 지낸 영월 호장 엄흥도의 충절을 기린 정려각과 단종을 위해 목숨을 바친 264인의 위패가 모셔진 배식단사, 단종의 역사를 한눈에 볼 수 있는 단종 역사관, 조선국 단종대왕 장릉이라고 쓰인 단종비각 등이 있다. 장릉 주위로는 그의 슬픔을 달래려는 듯 아름다운 고송들이 빼곡하게 들어서 있다. 수백 년이 지난 지금 이 아름다운 숲길을 연인과 함께 산책하다 보면, 단종의 한과 넋은 고요하게 흘러갈 뿐이다.

INFORMATION ★★★★☆

장릉
위치 강원도 영월군 영월읍 영흥리 산 133-1
문의 장릉 관광 안내소 033-374-4215
시간 09:00~18:00(연중무휴)
요금 어른 1,400원

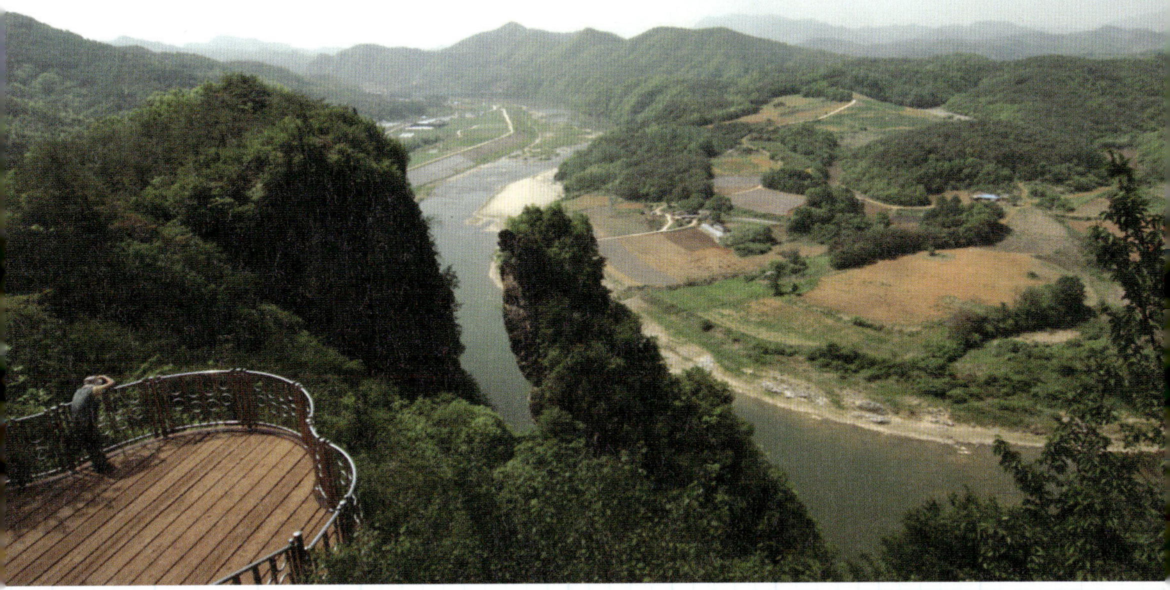

INFORMATION ★★★★☆ 선돌 **위치** 강원도 영월군 영월읍 방절리 산 373-1/ **시간** 365일 24시간 개방/ **요금** 무료

영화 〈가을로〉의 향기가 남아 있는 선돌

청령포에서 택시를 타고 약 5분만 고갯길을 올라가면 선돌을 볼 수 있는 소나기재 정상에 이른다. 유독 소나기가 많이 내려 소나기재라 불리는 이 소나기재 정상에서 강가로 50m만 걸어 들어가면 서강 제일의 기암 절경이라 불리는 선돌이 나타난다. 선돌은 높이 70m의 층암절벽으로 서강의 푸른 물과 어우러져 한 폭의 수묵화를 연상시키는 곳이다. 선돌을 바라보며 소원을 빌면 한 가지씩은 꼭 이루어진다는 설화가 있다. 이 때문일까? 영화 〈가을로〉의 촬영 배경지이기도 했던 이곳에서 주인공들이 나누었던 대화는 의미심장하다. "때로는 조금 높은 곳에서 보는 이런 풍경이 나를 놀라게 해, 저 아래에서는 전혀 생각지도 못한 것들이 펼쳐지거든."

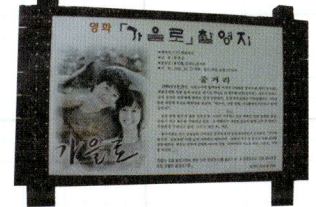

01 청령포 망향탑 02 청령포의 단종 어소를 향해 고개 숙인 소나무들
03 장릉 04 장천혜의 유배지 청령포 05 〈라디오 스타〉 촬영지 청록 다방

그 주인공들이 선돌 아래에 선명하게 쓰여 있는 붉은 주색의 운방벽이라는 글자를 읽었는지 또는 선돌 아래 깊은 소 한가운데 있는 전설의 자라 바위의 존재를 알았는지는 모르겠지만, 현재의 38번 국도가 개통되기 전 선돌 밑으로는 옛길이 있었다. 조선 순조 때 영월 부사를 지낸 홍이간과 풍류가이자 문장가로 당대 이름을 날리던 오희상과 홍직필 세 사람이 구름에 싸인 선돌의 경관에 반해서 시를 읊으면서 선돌의 암벽에다가 운방벽이라는 글을 새겨 넣을 정도로 신선암의 풍모를 가진 선돌은 가을과 겨울의 풍취가 압권이다. 영월의 관문에 있는 선돌을 잊지 말자.

영화 〈라디오 스타〉의 촬영지 영월읍을 찾아서~

　아직도 시골 읍의 풍취가 가득한 영월읍은 영화 〈라디오 스타〉의 촬영지로 유명하다. 영월읍은 다리품으로 이리저리 다 둘러보아도 한두 시간이면 넉넉할 정도로 작다. 하지만 점차 사라져 가는 예스러움에 대한 정겨움으로 시간 가는 줄 모르고 돌아다니게 되는 곳이 영월읍이다. 읍내에서 〈라디오 스타〉의 촬영지로 가장 유명한 곳은 청록 다방과 지금은 폐쇄된 KBS 영월 지국이다. 특히 청록 다방은 아직도 옛 다방의 면모를 그대로 유지하고 있는 곳으로 커피 한 잔에 2,000원이라는 파격적인 가격으로 영화에 나왔던 그 찻잔 그대로를 서비스하고 있다. KBS 영월 지국은 바로 눈 아래에 동강을 두고 있어 이곳에서 바라보는 동강의 풍모가 남다르지만 지금은 철문이 굳게 닫혀 있다. 배가 출출하다면 〈라디오 스타〉에 나왔던 자장면집인 영빈관에 들러 보자. 별스러울 것 없는 자장면집이지만 〈라디오 스타〉를 추억할 수 있다.

추천 이곳은?

★ 맛집

영월을 대표하는 맛집으로는 장릉을 등지고 왼편으로 꺾어 들어가면 만날 수 있는 장릉 보리밥집(033-374-3986)이 있다. 10여 가지가 넘는 산 나물로 만들어 내는 반찬과 감자가 송송이 박힌 보리밥(7,000원)을 목으로 넘기는 순간 돌아가신 할머니가 살아오신 듯하다. 고씨 동굴 앞 초성 가든(033-372-2356)의 다슬기 전골(小 30,000원)과 칡 냉면(6,000원)도 맛있다.

★ 숙박

별마로 천문대 인근의 숙박지를 원한다면 드림 힐 펜션(문의 033-375-1234/ 요금 2인실 비수기 주중 60,000원, 주말 80,000원/ 홈페이지 www.ywhill.com)과, 별마루 쉼터(문의 033-375-1533)가 무난하다. 외관상 가장 매력적인 동강 힐 하우스(문의 033-375-1777)는 35평 넓은 평수밖에 없어서 커플이 묵기에는 무리가 있다. 영월읍 내에 숙박을 정한다면 영월 시외버스 터미널 근처에 있는 동방 모텔(문의 033-373-4921)이 깔끔하며, 동강 변의 테마 모텔(문의 033-373-1227)도 인기 있다.

청령포 인근에는 〈라디오 스타〉의 촬영지였던 청령포 모텔(문의 033-372-1004)이 있다. 청령포 모텔을 포함한 시내권 모텔들의 가격은 비수기에 30,000~50,000원으로 매우 저렴하다.

★ 교통

별마로 천문대

별마로 천문대까지는 시내버스 노선이 없기에 택시 이외에는 접근 방법이 없다. 택시로는 영월 시내에서 20분 정도 걸린다. 돌아갈 때는 미리 받아 놓은 택시 번호로 콜택시를 부르는 방법이 있지만 가장 좋은 방법은 인근에 펜션이나 민박을 잡고, 펜션 주인에게 픽업 서비스를 부탁하는 것이다.

청령포

영월 시외버스 터미널에서 청령포로 가는 농어촌 버스(소요 시간 약 10분)는 자주 없다. 운 좋게 버스 시간이 맞으면 좋지만 아니라면 택시를 이용하는 것이 좋다. 영월 시외버스 터미널에서 택시 이용 시 소요 시간 약 5~7분 걸린다.

장릉

영월읍에서 장릉으로 가는 시내버스는 자주 운행하는 편이지만 택시 이용 시 기본요금 거리이므로 두 사람이라면 택시를 이용하는 것이 여러모로 좋다. 영월 시외버스 터미널에서 도보로 약 15~20분.

선돌

장릉에서 택시를 타면 기본요금 거리이다. 영월읍(영월 시외버스 터미널 근처)에서 선돌까지 택시로 약 10분 거리 **시내버스 문의** 영월 교통 033-373-2373

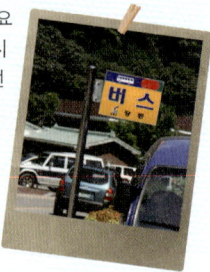

★ 도시 간 이동

영월은 기차와 시외버스로 갈 수 있다. 영월역은 작은 규모지만 고풍스러운 멋이 가득하다. 청량리역에서 영월역까지 무궁화호로 약 2시간 20분에서 2시간 45분 정도 소요된다.

동서울 종합 터미널에서 영월 시외버스 터미널까지 시외버스로 약 2시간 20분 정도 소요되어 기차나 시외버스 모두 걸리는 시간은 비슷하다. 하지만 영월 시외버스 터미널 시내에 근접해 위치하고 있어 인근 관광지와 접근성이 더 좋다.

★ 추천 코스

영월의 시내버스 여건은 영월 관광 안내소 직원마저 도리질을 칠 정도로 좋지 않다. 하지만 다행히 장릉과 선돌, 청령포, 별마로 천문대는 시내권에 자리 잡고 있다. 택시비 또한 크게 부담되지 않는 수준이므로 택시로 이동하는 것이 현명하다. 만약 시내버스를 이용해서 여행한다면 영월 시외버스 터미널 안에 각 관광지로 가는 시내버스 시간표가 있으니 잘 활용하자.

1박 2일 추천 코스

영월 시외버스 터미널 – 장릉 – 선돌 – 청령포 – 별마로 천문대 – 시내 숙박 – 고씨동굴 – 영월읍

별마로 천문대의 전망 베란다

　별마로 천문대의 천문 과학관 전망 베란다는 편안하게 앉아서 굽이치는 태백산맥을 감상하기에 최상의 장소 중 하나다. 아쉽게도 그 흔한 카페 하나 없지만 과학관 한쪽에 자리한 자판기에서 캔 커피 두 개를 뽑아들고 산허리에 구름을 걸친 산하를 내려다보는 기분이 황홀하다. 낮에는 천문대를 찾는 사람이 없으니 태백산맥을 개인 정원 삼아 둘만의 오붓한 시간을 보내기에 좋은 장소다.

커피 한 잔을 들고 전망 베란다로 가 보자

별마로 천문대에서 연인의 마음에 별을 쏘다!

논개의 쌍가락지를 연인에게 바치다
진주 남강 기행

야경이 아름답기로 유명한 진주에 어둠이 내리고 남강에 은은한 불빛을 머금은 유등이 하나둘씩 떠오르면 여행객들의 마음은 한순간에 매혹된다. 대한민국 최우수 축제로 선정된 진주 남강 유등 축제, 논개의 의기가 스며 있는 촉석루와 의암, 임진왜란 3대 대첩 중 하나인 진주대첩이 벌어졌던 진주성, 국내 최초로 수목원이란 이름을 단 진주 수목원역이 있는 경상남도 수목원(진주 수목원), 지리산을 조망하며 잔잔한 감동을 맛볼 수 있는 일몰 명소 진양호가 있는 진주는 세련되고 낭만적인 커플 여행지로 제격이다. 예로부터 북 평양 남 진주로 불릴 정도로 재기 넘치는 기생들이 많기로 유명했던 진주는 아직 고급스러운 교방 문화가 잔잔히 흐르고 있다. 교방 상차림, 진주비빔밥, 진주냉면 등 맛과 멋이 공존하는 진주로 여행은 둘만의 낭만 스토리가 될 것이다.

진주 시외버스 터미널에 내려 후문으로 나서면 바로 남강이다. 진주 역사의 중심인 남강 변엔 잘 조성된 산책로를 따라 진주 여행의 핵심인 촉석루, 의암을 품은 진주성, 천 년 광장, 대나무 숲, 남가람 문화 거리, 진주교 등이 조화롭게 자리하고 있다. 남강 변의 깎아지른 듯한 암벽 위에 세워진 진주성은 시외버스 터미널에서 남강 변로를 따라 도보 10분이면 도착한다. 산책하듯 걸어가다 보면 우측으로 진주의 대표적인 맛집 중 하나인 콩나물 해장국집이 보이고 곧이어 모텔들과 진주의 맛을 대표하는 장어구이집들이 옹기종기 모여 있다. 그리고 진주성 입구인 촉석문이 시야를 가득 메운다.

남강변 가장 아름다운 절벽 위의 촉석루

매표 후 촉석문을 통해 성 안으로 들어가면 촉석루가 지척이다. 진주의 상징이자 영남 제일 명승지인 촉석루는 우리나라 삼대 누각 중 하나다. 진주성을 휘감아 돌아가는 남강 변 가장 아름다운 절벽 위에 서른 개의 기둥을 위엄스레 자랑하며 서 있다. 촉석루는 남강의 아름다운 풍광을 즐기기에 최적의 장소로 주로 연회 장소로 쓰였던 곳이다. 제2차 진주성 싸움에서 7만 민·관·군이 장렬히 전사한 후 왜군의 승전 축하연이 열렸던 곳이기도 하다. 이 아름다운 촉석루 아래에 논개가 왜장을 껴안고 투신한 의암이 있다.

촉석루 기둥 아래 가파른 계단을 따라 남강 변으로 내려가면 〈의기논개지문〉이

새겨진 작은 비각 앞 넓은 암반이 눈에 들어온다. 의암이다. 바위의 서편에는 1629년 진주의 선비 정대륭이, 남쪽 면에는 한몽삼이 각각 전서체와 해서체로 의암이라 새겨 놓은 것을 볼 수 있다. 논개의 투신으로 의암으로 불리기 전 이 바위는 위험한 바위라는 뜻에서 위암으로 불렸다. 검푸른 남강물이 지척에 출렁이는 의암 위에 서면 그 위험스러움에 논개가 느꼈을 두려움과 의분이 시공을 넘어 파도치듯 밀려온다.

〈의기 논개지문〉

그 바위 홀로 서 있고 그 여인 우뚝 서 있네

이 바위 아닌들 그 여인 어찌 죽을 곳을 찾았겠으며

이 여인 아닌들 그 바위 어찌 의롭다는 소리 들었으리요

남강의 높은 바위 꽃다운 그 이름 만고에 전하리

진주성 내에는 촉석루, 의암 외에도 논개 사당인 의기사, 임진
왜란을 주제로 한 국립 진주 박물관, 제2차 진주대첩에서 순국한 7만 민 ·
관 · 군을 기리기 위한 임진대첩 계사 순의단, 1차 진주대첩에서 6일간의 혈
투 끝에 3,000여 명의 군사로 승리한 김시민 장군의 전공비와 동상, 임진왜란
때 의병을 모아 싸우다 전사한 제말 장군과 그의 조카 제홍록의 공을 새긴 쌍충
사적비, 임란 때 승병들의 근거지였으며 순국한 승병들의 넋을 기리는 절인 호
국사, 서쪽과 북쪽의 지휘소인 서장대와 북장대, 진주성 비석군, 제2차 진주성 싸
움에서 장렬히 순국한 분들의 신위와 제1차 진주성 싸움에서 대승을 거둔 후 순국
한 충무공 김시민 장군을 모신 창렬사 등이 있다.

성의 중심에는 어느 이름 높은 유럽의 정원과 비견해도 뒤지지 않는 미려
한 정원이 가꾸어져 있다. 시선을 뗄 수 없을 정도로 잘 가꾸어진 정원의 언덕 위에 과
거 망미루라 불리며 경남 관찰사 감영의 정문으로 쓰였던 영남 포정사가 그림같이 서

있다. 영남 포정사는 과거 진주에 경남도청이 있을 때 도청 정문으로도 쓰였다. 품위 있고 정갈하게 정비된 둘레 1,760m, 높이 5~8m의 진주성 안을 조근조근 돌아보다 보면 2시간 정도는 금방 흘러간다.

진양호는 지리산을 배경으로 펼쳐진 아름다운 호수의 전경과 그 위로 떨어지는 낙조가 황홀한 곳이다. 물 문화관과 전망대, 동물원 등이 경내에 있지만 연인들에게 가장 인기 있는 곳은 호수에서 전망대를 이어 주는 1년 계단이다. 365계의 계단으로 이루어진 이 계단을 오르며 사랑을 속삭이는 연인들이 사랑스럽기 그지없다. 특히 밤이 되어 터널 조명에 불이 들어오면 그윽한 분위기가 연출된다. 진양호는 벚꽃 관광지로도 유명하다. 봄이 되어 벚나무에 꽃이 가득 피면 벚나무 가지들이 서로 손을 잡고 벚꽃 터널을 이룬다.

진주의 야경을 제대로 즐기려면 천 년 광장과 대나무 숲으로

야경의 도시로 불리는 진주의 야경을 제대로 즐기려면 천 년 광장과 대나무 숲으로 가야 한다. 진주성에서 남강을 가로지른 반대편에 있는 천 년 광장과 대나무 숲은 남강과 어우러진 가장 아름다운 촉석루를 볼 수 있는 곳이다. 특히 대나무 숲 중앙으로 나 있는 오솔길을 따라 빛이 들어오지 못할 정도로 키 높은 대나무들을 헤치고 숲의 중앙으로 들어가면 촉석루가 한눈에 들어오는 전망대가 있다. 촉석루를 조망하기에는 이 자리보다 더 나은 곳이 없다. 대나무 숲은 낮에도 싱그러운 아름다움이 가득한 곳이지만 밤이 되어 숲 사이에 앙증맞게 자리하고 있는 죽순 모양의 조명에 불이 들어오면 더욱 분위기가 있다. 과거 남강에는 홍수를 막아 주던 대나무들이 강변을 따라

01 대나무 숲 02 천년 광장 03 경상남도 수목원의 산길 04 경상남도 수목원의 메타세쿼이아길 05 진주 수원역

빼곡했다고 한다. 바람결에 흔들리는 대나무 숲과 어우러진 남강, 높다란 암벽 위 촉석루가 만들어 냈을 아찔한 아름다움이 능히 상상이 된다. 이제는 볼 수 없는 이 절경에 대한 아쉬움은 천 년 광장에서 덜어낼 수 있다. 대나무 숲 옆에 있는 천 년 광장은 천 년의 역사를 자랑하는 진주를 상징하는 광장으로 대나무를 상징하는 조형물이 있다. 어둠이 내리고 이 조형물에 조명이 들어오면 광장과 어우러진 강 건너 진주성과 촉석루가 만들어 내는 매혹적인 빛의 능선이 장관을 연출한다.

사랑을 속삭이는 수목원의 가로수길, 경상남도 수목원

진주에는 국내에 단 하나밖에 없는, 수목원이라는 이름을 가진 간이역이 있는데 바로, 경상남도 수목원(진주 수목원)이다. 진주역에서 기차를 타고 약 30~40분이면 도착하는 진주 수목원역은 시골 마을과 논, 그 사이를 가로지르는 기찻길을 건너기 위한 작은 신호등, 정겨운 차단막이 어우러져 지난날의 향수를 한껏 불러일으킨다. 역사도, 역무원도 없는 이 간이역을 나와 도로를 따라 10여 분을 가면 수목원이다.

경상남도 수목원은 수종 식별원, 화목원, 역대 식물원, 선인장원, 무늬원, 양용 식물원, 생태 온실, 목서원, 활엽수원, 야생 동물원, 산림 표본원, 난대 식물원, 침엽수원, 폭포, 산정연목, 전망대, 대나무 숲, 장미, 철쭉원 민속 식물원, 무궁화 공원, 산림 박물관 등을 갖추고 있는 거대한 수목원이다. 그 광대한 넓이로 찬찬히 모두 다 둘러보려면 반나절은 족히 걸리지만 핵심만 둘러본다면 두 시간 정도면 된다. 연인과 손잡고 메타세쿼이아 가로숫길을 걸으면서 사랑을 속삭여 보자.

★ 맛집

북으로는 지리산, 남으로는 남해를 두고 있는 진주는 다양한 음식 재료를 구할 수 있는 천혜의 조건을 가졌

다. 이에 더해 양반 문화가 발달해 다채로운 음식 문화가 발달한 곳이다. 특히 진주냉면과 진주비빔밥, 진주 교방 상차림, 진주 장어구이는 외지인들의 입맛을 사로잡고 있다.

교방 상차림

화려한 교방 문화를 간직한 진주답게 진주는 교방 상차림으로 유명하다. 교방 상차림이란 교방청 기생들이 궁중 연회에 불려다니면서 왕실과 반가의 상차림에 영향받은 화려한 한정식을 말한다.

아리랑 한정식(문의 055-748-4556/ 2인 한 상차림 100,000원)은 진주에서 손꼽는 한정식집으로 대표적인 궁중 요리인 구절판과 신선로를 중심으로 고급스럽고 화려한 한정식을 선보인다.

장어구이

진주는 남강에서 잡아 올린 장어를 연탄불에 구워 먹는 장어구이가 유명하다. 지금은 상수원 보호 지구로 지정되어 남강의 장어로는 요리를 못 하지만 진주성 앞 남강가엔 아직도 장어구이집들이 밀집해, 옛맛을 잇고 있다.

장어구이집으로 명성을 잇는 곳으로는 유정 장어(문의 055-746-9235/ 민물장어 20,000원)가 있다.

진주비빔밥

사람들은 진주비빔밥이 전주비빔밥과 무엇이 다를까 궁금해한다. 진주비빔밥의 핵심은 포탕에 있다. 문어, 새우, 조개 다시마 등으로 끓인 육수인 포탕을 숙주, 고사리와 같은 잘게 썬 나물과 육회를 얹은 밥 위에 끼얹어 촉촉하게 비벼 먹는 것이 진주비빔밥의 특징이다. 진주비빔밥 맛집으로는 진주 중앙 시장 안에 있는 천황 식당(문의 055-741-2646)이 있다. 천황 식당은 50년이 넘은 단층의 개량 한옥 건물을 식당 시작부터 지금까지 사용하고 있어 구경하는 재미도 있다.

비빔밥 8,000원

진주냉면

예전부터 미식가들로부터 함흥냉면만큼이나 그 진미를 인정받아 왔던 진주냉면은 육수부터 특별하다. 고기로 육수를 내는 다른 지역 냉면과 다르게 진주냉면은 고기와 함께 멸치와 바지락, 홍합, 명태 같은 해산물을 함께 넣고 만들어 낸다. 고구마와 메밀로 만든 쫄깃한 면 위에 이 육수를 붓고 화려한 고명을 얹으면 진주냉면이 완성된다.

맛집으로는 황덕이 진주냉면(문의 055-756-2525/ 물냉면 小 7,000원, 大 8,000원/비빔냉면 小 7,500원, 大 8,500원)이 있다.

수복 빵집

진주에는 파리 바게트나 뚜레쥬르보다 더 유명한 빵집이 있다. 수복 빵집(055-741-0520)이 그 주인공으로 50여 년 동안 세대를 초월한 인기를 누리고 있다. 수복 빵집의 주메뉴는 꿀빵과 찐빵(3,000원). 꿀빵은 이름 그대로 한 입 크기의 빵 위에 단맛을 내는 꿀 소스를 듬뿍 바른 것으로 통영의 오미

사 꿀빵과 비슷하다.

찐빵은 미니 찐빵에 걸쭉한 단팥죽을 뿌린 것으로 어디에서도 맛보지 못한 특별함이 가득한 간식이다. 인기 있는 집답게 그날 준비한 재료가 떨어지면 더는 영업을 하지

않으므로 너무 늦게 가지 않는 것이 좋다.

콩나물 해장국

진주 시외버스 터미널 인근에는 새벽녘 여행객들의 속을 달래주는 시원한 콩나물 해장국이 일품인 곳이 있다. 빨간 간판에 진주 콩나물 해장국(문의 054-741-6918)이라고만 쓰여 있는 이곳은 낡은 테이블 몇 개에, 주인 부부가 요리와 서빙을 모두 도맡아 하는 작은 식당이지만 조개를 듬뿍 넣은 해장국의 깊이 있는 맛만큼은 일품이다.

★ 숙박

남강 변에는 진주에서 가장 고급 호텔인 특2급 동방 호텔(문의 055-743-0131)이 있다. 동방 호텔은 남강을 바라보고 있어서 전망은 좋으나 시설이 낙후된 편이다. 동방 호텔에서 진주성 가는 방향으로 약 2~3분만 가면 오른쪽으로 시외버스 터미널이 나오고 시외버스 터미널에서 진주성 방향으로 계속 직진하면 많은 모텔이 줄지어 서 있다. 모텔에 대한 선입견만 없으면 이 중 깨끗한 모텔을 이용하는 것도 추천할 만하다.

이 중 진주교 바로 앞에 있는 베르사체 모텔(문의 055-746-8080)과 모텔 유(문의 055-748-7457/ 요금 40,000~50,000원)가 깨끗하다. 진주시 계동 진주 의료원 근처 여우비(문의 055-742-6651/ 요금 60,000원) 모텔도 깨끗한 인테리어와 진주의 명동으로 불리는 갤러리아 백화점 인근에 있어 인기가 좋다.

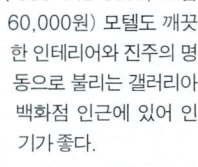

진양호의 물결이 닿을 듯한 위치에 자리하고 있는 아시아 레이크 사이드 호텔(문의 055-746-3734)은 부담 없는 가격으로 지리산과 어우러진 진양

호의 그림 같은 풍경을 방 안에서 감상할 수 있는 숙소이다.

★ 교통

진주성

진주 시외버스 터미널에서 진주성까지는 도보로 5~10분 거리다. 남강 변을 따라 직진하면 바로 볼 수 있다. 진주 고속버스 터미널 버스 정류장에서 250, 262, 251, 530, 171번 시내버스를 타면 진주성까지 약 20분 소요.

2012년 10월 옛 모습 그대로의 작고 고풍스러웠던 진주역이 역사 속으로 사라졌다. 진주시 가좌동으로 이전한 신진주역은 진주 외곽에 있어 시내에 있는 진주성까지 이동하려면 시간이 꽤 걸린다. 현재 131,132,151번 시내버스로 개양 오거리(진주역 환승 정류장)로 이동한 후 환승해서 진주성으로 이동해야 한다.

진양호

진주 시외버스 터미널 인근 버스 정류장에서 260번 시내버스를 타면 약 40분 소요된다. 진주 고속버스 터미널 버스 정류장에서 252, 250, 262, 284, 251번 시내버스로 약 50분 소요.

신진주역에서 131, 132, 151번 시내버스로 개양 오거리(진주역 환승 정류장)로 이동한 후 진양호 행 시내버스로 환승한다. 약 1시간 소요.

천 년 광장, 대나무 숲

진주 시외버스 터미널에서 택시를 타면 기본요금 만으로도 천 년 광장, 대나무 숲까지 갈 수 있다.

경상남도 수목원

진주 시외버스 터미널 인근 버스 터미널에서 283, 282, 280번 시내버스를 타고 반성 터미널에서 001, 002번 버스로 환승 후 반성 수목원 정류장에서 하차. 약 1시간 30분 소요.

신진주역에서 경상남도 수목원 인근에 있는 반성역까지 무궁화호로 딱 한 정거장이다. 약 10분 소요. 반성역에서 택시나 시내버스로 수목원까지 이동하면 된다. 반성역에 시내버스 정보가 잘 적혀 있으며 시내버스 이동 시간은 약 20분이 소요된다.

강남 고속버스 터미널과 동서울 종합 터미널에서 진주 고속버스 터미널까지 3시간 50분 소요.

★ 도시 간 이동

진주역은 2012년 10월 23일 가좌동 신역사로 이전했다. 1927년 6월에 문을 연 이후 일제 강점기와 6·25 등 우리나라의 파란만장한 역사를 온몸으로 견딘 구 진주역사는 이제 철길마저 뜯기어 자취를 감추게 되었다. 하지만 2005년 문화재로 등록된 진주역 차량 정비 창고는 보존될 듯하다. 진주역은 신역사로 이전하면서 KTX 노선이 개통되어 무궁화호로는 서울 진주간 6시간 이상이 걸리던 것이 3시간 30분으로 단축되었다.

신진주역이 진주시 외곽에 있어 시내권에 있는 관광지들까지 시내버스로 이동 시 개양 오거리 진주역 환승 센터에서 환승해야 하고, KTX 요금이 고속버스 요금의 두 배에 달하는 것이 여행객들의 마음을 무겁게 한다.

★ 추천 코스

서울역 → 진주역

진주성은 얼마 전까지만 해도 야간 오픈했으나 청소년의 안전을 위해 관리인이 퇴근하는 오후 6시 이후에는 문을 닫아 출입할 수 없다. 하지만 진주성 앞의 진주교와 천수교 등 남강을 꾸미는 다양한 시설과 촉석루와 천 년 광장, 죽림 등은 야경 관광지로 매력적이다. 특히 촉석루 건너편에 조성된 천 년 광장과 광장과 이어진 죽림에서 바라보는 촉석루의 우아하면서도 위풍당당한 모습은 잊지 못할 추억이 될 것이다.

1박 2일 추천 코스

진주성(촉석루, 국립 진주 박물관) → 진양호 → 천 년 광장, 죽림 숲 → 숙박 → 경상남도 수목원

논개의 쌍가락지를 연인에게 바치다

　진주교에는 특별한 상징물이 숨어 있다. 논개의 쌍가락지를 상징하는 조형물이 교각 상단 부분에 수줍게 숨어 있는 것이다. 진주 사람 중에서도 아는 사람만 아는 이 쌍가락지를 연인에게 바친다면 낭만적인 진주 여행이 될 것이다.

　어둠이 내리고 남강을 가로지르는 진주교와 천수교, 진양교의 교량과 교각에 다채로운 조명이 들어오면 남강 수면에는 제2의 진주교와 천수교, 진양교가 생겨난다.

　이 아름다운 진주의 야경을 감상하려면 남강 변으로 조성된 강변을 따라 걷는 것이 가장 이상적이다. 검푸른 남강을 배경으로 더없이 화려하게 빛나는 진주의 교량들을 배경으로 진주에서의 낭만적인 야간 산책을 즐겨 보자.

논개의 고장 진주에서 연인에게 절개를 바치다!

Couple Date

Part.u 연인과의 로맨틱한
2박 3일 여행

푸른 물결 가득한 낭만여정
남해 독일인 마을

하동에서 연결되는 남해 대교와 사천에서 연결되는 창선, 삼천포 대교로 육지와 연결된 섬 아닌 섬 남해. 나비 모양을 한 남해의 섬은 보물섬이라 불리며, 모든 해안 구간이 절경이라 해안 도로만 둘러보아도 본전은 하는 곳이다. 시골 내음 가득한 남해의 작은 섬이지만 아름다운 것은 언젠가는 소문이 나는 법. 2006년 세계적인 리조트 힐튼 남해 골프 & 스파 리조트가 세워졌으며, 집 꾸미기 좋아하는 독일인들의 마을인 독일인 마을이 물건항 산 중턱, 전망 좋은 자리에 그림같이 자리하고 있다.

이외에도 〈상두야 학교 가자〉, 〈맨발의 기봉이〉, 〈인디언 썸머〉 등 각종 드라마와 영화 촬영지로 명소가 된 다랭이 마을과 삼대 기도처이자 일몰과 일출을 한자리에서 모두 볼 수 있는 남해 제일의 전망을 자랑하는 금산 보리암, 금빛으로 주름진 모래사장이 곱디고운 상주 해수욕장과 남해도의 해안 절경을 한눈에 담아 볼 수 있는 낭만의 러브 크루즈, 한국의 베니스로 불리는 미조항, 해안 절벽 위 아름다운 폐교에 자리한 해오름 예술촌, 남해가 아니면 보기 어려운 원시 어업 죽방렴 등이 있어, 연인과의 낭만적인 여행을 꿈꾸는 이라면 이곳을 파라다이스라고 부를 것이다.

쪽빛 바다의 향기를 머금은 한국 속 유럽 빌리지 '독일인 마을'

나부끼는 미인의 머리카락처럼 유려하게 굴곡진 302km에 달하는 남해 해안선을 따라 조성된 해안 도로를 따라가다 보면 이름 없는 섬들과 에메랄드 빛 바다, 그리고 가파른 경사에 촘촘하게 만들어진 주름진 논밭들이 파랗고 푸른 색채의 향연을 벌인다. 이 중 가장 아름다운 해안 도로로 꼽히는 물미 해안 도로는 한국의 베니스라 불리는 미조항에서 남해 제일의 부촌으로 불리는 물건항까지 이어진다. 이 물건항의 배경이 되는 산 중턱에 독일인 마을이 있다. 한국에 거주하는 독일인과 60~70년대 독일로 취업 이민한 광부, 간호사들이 귀향 후 정착한 마을로 건축 재료 하나하나까지 독일에서 가져와 정성으로 만든 마을이다.

집 꾸미는 데 열성인 것으로 유명한 독인인들의 마을이어서 그런지 마당의 돌 하나, 풀 한 포기도 흐트러짐이 없는 것이 특징이다. 특히 현지 독일인들이 사는 집들은 창문마다 화분이 가득할 정도로 유럽의 한 마을을 그대로 옮겨 놓은 듯하다. 주황빛 뾰족지붕과 하얀 벽, 쪽빛 푸른 바다가

INFORMATION ★ ★ ★ ☆

위치 경상남도 남해군 삼동면 물건리 독일 마을
문의 남해 문화관광과 055-860-8615

어우러진 유럽의 정취가 가득한 독일인 마을에서 바라보는 물건항의 풍경은 한 장의 수채화 같다.

　　　독일인 마을엔 유명한 집이 한 채 있다. 마을에서 물건항을 바라보고 가장 왼편에 자리한 이 자그마한 독일식 집은 "꼬라지 하고는~"이라는 유행어와 한예슬이라는 신예 스타를 탄생시킨 드라마 〈환상의 커플〉의 남자 주인공 '장철수(오지호)'의 집이다. 이 집 앞마당에서 드라마의 하이라이트인 "진짜 못돼 처먹은 니가 좋은 걸 보니 내가 미쳤나 보다."라고 말하며 장철수가 나상실에게 키스하는 장면을 촬영한 것을 기억하는 이들이 많을 것이다. 만약 커플이라면, 이 조용한 남해의 독일인 마을에서 장철수와 나상실이 되어 보는 것도 로맨틱한 시도일 것이다. 독일인 마을을 구경하다 보면 아름다운 독일식 주택의 테라스 곳곳에서 와인 잔을 기울이는 여행객들을 볼 수 있다. 남해의 해조풍을 맞으며, 물건항으로 떨어지는 일몰을 바라보는 연인들의 모습이 로맨틱하다.

01 미독일인 마을에서 바라본 물건항 02 〈사랑방 선수와 어머니〉의 여준
인공 김원희의 '꽃마차 가게' 03 〈환상의 커플〉 남주인공 장철수의 사업장
04 천연기념물 물건 방조어부림

편안한 여행을 원한다면, 하루 정도는 한두 곳에서 휴식과 낭만을 즐기고, 하루는 택시를 대여해 시내버스로 다니기 어려운 남해의 구석구석을 돌아보는 것도 좋은 방법이다. 택시 일일 대여비 약 10만 원.

남해 위에 그려진 물건항과 물건 마을

　　　남해 독일인 마을의 그윽함에서 빠져나온 후 산에서 내려가면 쪽빛 물을 풀어놓은 듯한 푸른 남해를 배경으로 물건항과 물건 마을이 있다. 예로부터 멸치잡이를 주 수입원으로 하는 물건 마을은 살림이 넉넉하고, 낚시, 반달형의 물건 방조어부림으로 유명하다. 물건 방조어부림은 길이 1,500m, 너비 30m의 해안 숲으로 상수리나무, 느티나무, 이팝나무 등으로 구성된 천연기념물이다. 약 300년 전 해풍과 해일, 염해 등을 막고 숲이 드리우는 깊은 그림자로 물고기 떼를 유인하기 위해 심은 나무들이 자라서 숲을 이룬 것이다. 신비로운 이 숲과 바다를 가르는 방조제 주위는 〈환상의 커플〉 여자 주인공인 '나상실'과 드라마에서 약간 모자란, 나상실의 여자 친구로 나오는 '강자'의 놀이터였다.

　　　물건 방조어부림을 뒤로하고, 바다로 뻗은 방조제를 향해 걸어가다 보면 바다에 면한 항구의 가장 깊숙한 곳에 마을인 듯, 세트인 듯, 너무나 사실적으로 만들어 놓은 영화 〈사랑방 선수와 어머니〉(정준호, 김원희 주연)의 촬영 세트장이 있다. 영화 내내 물건리가 배경이 되는 이 영화의 세트장은 물건 마을 해안가에 있다. 여주인공인 김원희의 가게인 '꽃마차 가게'도 영화 속 그 모습 그대로 남아 있다. 진짜 마을과 구분이 안 될 정도로 자연스러워 세트장과 실제 건물을 구분하기 위해서는 두드려 보아야 할 정도다. 물건항 해안가에 조성된 이 세트들을 지나면 마지막으로 〈환상의 커플〉

남자 주인공 장철수의 사업장이 나온다. 현재도 그 모습 그대로 있지만 간판은 교체되어 현재 낚시 전문점으로 영업 중이다.

　　　　이 흥미로운 세트장을 뒤로하고 방조제 끝으로 걸어가면 항구 안쪽으로 많은 낚싯배가 정박해 있다. 물건항은 멸치잡이로도 유명하지만 일 년에 만 명 이상의 낚시꾼이 몰릴 정도로 낚시터로 유명하다. 작은 배(1일 배 대여료 15~25만 원, 2~3시간 대여료 5~10만 원으로 탑승 인원수에 따라 달라진다. 다리방호 055-867-3416/ 남해 창조 낚시 010-9515-6130/ 삼천포 낚시 055-867-4554)를 타고 근처 바닷가에서 낚시를 즐기는 것도 '휴(休)' 여행으로 안성맞춤이다.

　　　　독일인 마을 인근의 마지막 볼거리인 해오름 예술촌(문의 055-867-0706)은 물건항에서 해안 도로를 따라 미조항 방향으로 15분 정도만 언덕길을 오르면 만날 수 있다. 바다를 향해 활짝 팔 벌린 형태의 해안 절벽 위에 있는 폐교에 촌장인 정금호 씨와 딸 내외가 예술촌을 꾸렸다. 예술촌에는 장년층들의 어릴 적 추억이 담긴 교실 물품과 각종 골동품, 각 나라의 물품 등 촌장이 30년 동안 모은 5만여 점의 물품들이 전시되어 있다. 하지만 전시물은 예술촌 일부분일 뿐이다. 해오름 예술촌은 이름 그대로

해오름이 장관인 곳이다. 일출 명소인 이곳에서 바라보는 막힘없이 뻗어 나간 푸른 남해는 여행의 특별 보너스다. 해오름 예술촌의 특별함은 독일 와인 시음장에도 있다.

　　　독일인 마을 분들의 도움으로 독일에서 와인을 직접 구입해 와 국내에선 맛보기 어려운 독일 와인을 해오름 예술촌 2층 카페에서 맛볼 수 있다. 이외에도 도예 체험 등 다양한 예술 체험 프로그램들을 갖추어 놓아 연인들의 체험 여행 코스로 좋다.

한국의 베니스 미조항과 상주 해수욕장의 러브 크루즈

　　　남해 버스 터미널에서 미조행 버스를 타고 상주 해수욕장에서 내리면 금빛 모래사장이 주름진 레이스 치마처럼 사락거리며 눈을 아린다. 완벽한 복주머니 형태의 금빛 모래사장과 울창한 해송 숲을 자랑하는 상주 해수욕장은 그 자체로도 훌륭한 관광지이지만 러브 크루즈라는 특별한 옵션을 가지고 있다. 연인들에게 더욱 특별할 수밖에 없는 러브 크루즈(문의 055-862-0947)는 상주 해수욕장 서쪽 선착장에서 출발한다. 400명을 수용할 수 있는 커다란 크루즈 위에서 남해의 다도해를 일주하며 한려수도의 절경을 한눈에 담아 볼 수 있는 특별한 체험을 할 수 있다.

302㎞ 남해도의 전 해안 구간이 환상의 드라이브 코스라고 해도 과언이 아닐 정도로 아름다운 해안 도로를 가진 남해는 사실 렌터카 여행이 제격이다. 남해 버스 터미널 근처에 남해 유일의 렌터카 회사인 월드 렌트카(문의 055-864-3081)가 있다.

러브 크루즈 위에서 바라보는 일출과 일몰도 장관으로 새해 첫날과 특별한 시기에는 자리를 잡기 어렵다. 성수기와 비수기의 크루즈 운항 시간이 변동적이므로 이용 전에 반드시 전화 문의가 필요하다. 미조항은 '미륵이 도운 마을'이란 뜻을 가진 항구로 어느 계절에 찾아가도 아름다운 미항이다. 비록 규모는 작지만 대한민국 어디에서도 찾아볼 수 없을 만큼 고요하고 항구로서는 믿기 어려울 정도로 청정하며 20살 아가씨처럼 화사하다. 잔잔한 항구 너머로 아담한 등대가 고요히 떠 있고, 유인도인 조도와 호도 그리고 작은 섬 16곳이 액자 속 그림처럼 점점이 떠 있다.

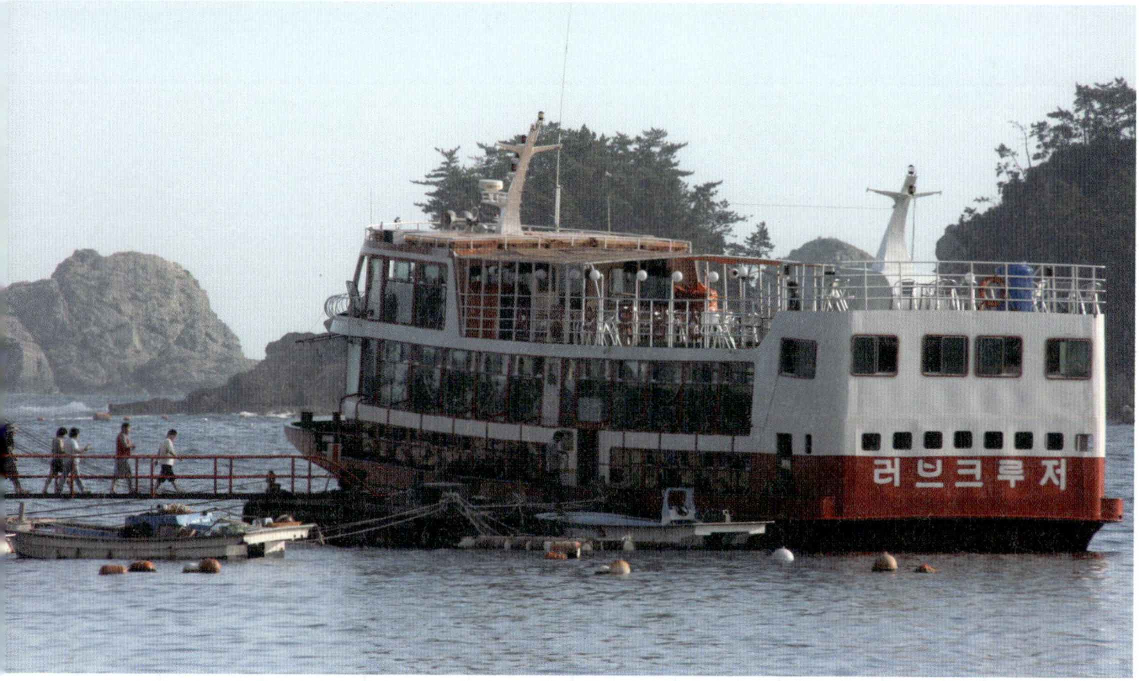
러브크루저

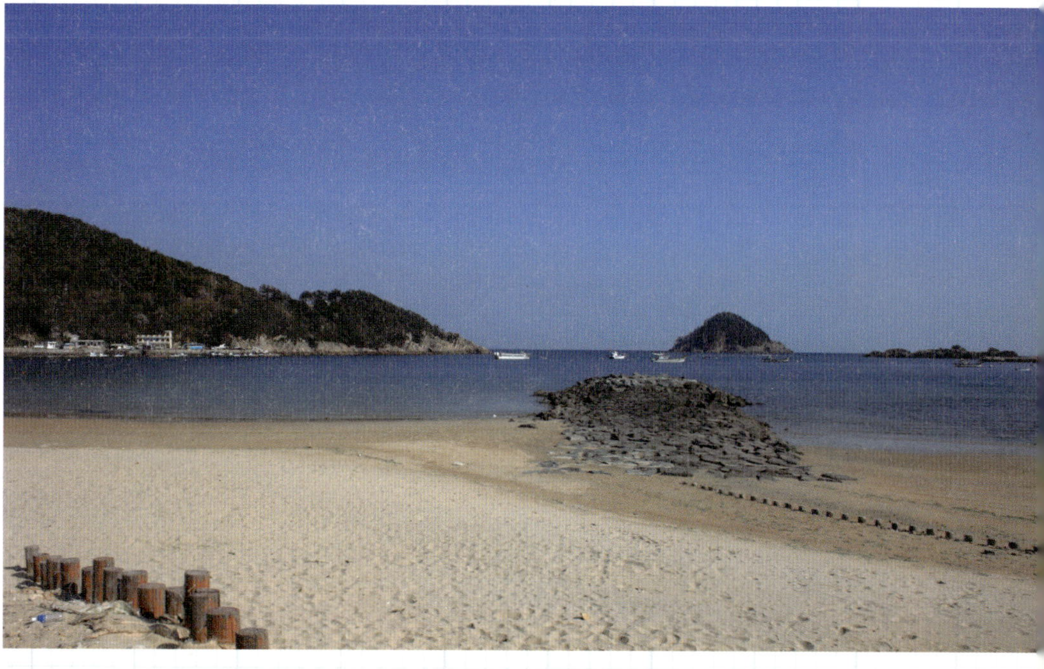

★ 맛집

물건 마을 물건 중학교 옆에 있는 물건 식당(문의 055-867-0759)의 조기 매운탕, 해물 뚝배기 등은 물건항 최고의 맛을 보장한다. 가격 또한 부담 없는 5,000~6,000원으로 10여 가지의 해산물 반찬이 나온다. 주인은 독일인 마을의 민박집 '본'의 아들과 며느리로 여행 정보를 얻기에도 최적의 장소다.

남해의 먹을거리로는 봄에는 멸치회, 겨울에는 갈치회를 꼽을 수 있다. 멸치회와 갈치회를 잘하기로 유명한 곳으로는 미조항 수협 공판장 뒤에 있는 공주 식당(문의 055-867-6728/ 멸치·갈치회 大 30,000원, 小 20,000원)이 있다.

숨겨진 남해의 절경인 홍현에 있는 남해 자연 맛집(문의 055-862-0863/ 전복죽 13,000원, 돌 멍게 20,000원)은 아름다운 앵간만을 바라보며 남해산 전복죽을 맛볼 수 있는, 남해 여행에서 놓치기 아까운 맛집이다. 이곳에서는 남해의 또 다른 명물 먹을거리인 돌 멍게도 맛볼 수 있다. 돌 멍게 껍질로 마시는 소주의 맛은 잊기 어려운 감칠맛이다.

남해가 아니면 볼 수 없는 원시 어업 죽방염을 볼 수 있는 창전교를 건너기 전 삼동 파출소 바로 앞에 있는 우리 식당(문의 055-867-0074)의 멸치 쌈밥(7,000원)과 멸치회도 일미다.

★ 숙박

독일로 시집간 두 딸의 집을 관리하는 마음씨 좋은 노부부의 펜션 본 하우스(문의 055-867-0759)와 독일인 마을에서 가장 높은 곳에 있는 하이델베르크(문의 02-2057-1561), 베를린 하우스(문의 055-867-5768) 등이 인기 있다. 요금은 2인실 기준 80,000원 선이다.

★ 교통

독일인 마을

남해 버스 터미널은 편리하게도 터미널 안에서 고속버스에서 군내 버스로 환승이 가능하다. 승차장 1번은 시외버스 탑승장이고 승차장 2번은 군내버스 탑승장이다. 독일인 마을에 가기 위해서는 매표소에서 독일인 마을이라고 말하고 표를 산 후 승차장 2번에서 미조·은점행 군내 버스(소요 시간 약 40~50분/ 배차 간격 약 한 시간/ 요금 2,400원)를 타면 된다. 물건 마을버스 정류장에서 내려 언덕으로 도보 약 5분.

상주 해수욕장

남해 버스 터미널에서 상주·미조행 군내 버스(소요 시간 약 20~30분/ 요금 2,000원)를 타고 상주에서 하차.

미조항

상주·미조행 군내 버스를 타고 미조항(소요 시간 약 30~40분/ 요금 2,700원)에서 하차. 은점·미조행 버스도 미조항에 가지만 소요 시간도 더 걸리고 요금도 더 비싸다.

군내 버스 시간 문의

남해 터미널(055-864-7101), 남흥 여객(055-863-3507)

★ 도시 간 이동

남해로 오는 대중교통은 오직 버스뿐이다. 기차 교통
은 없으며, 만약 항공을 이용하고 싶다면 사천 공항에
서 내려 다시 고속버스를 이용해 남해로 와야 한다. 항
공을 이용할 정도로 여유가 있다면 사천 공항에 내려서
렌터카를 이용하는 것이 최선이다.

서울 남부 터미널 → 남해 터미널
문의 055-864-7101 | **소요 시간** 4시간 30분

서울 출발 시간표(서울 남부 터미널 → 남해 터미널)
배차 시간 08:30, 09:50, 11:30, 13:30, 15:10,
16:40, 18:00, 19:00

남해 출발 시간표(남해 터미널 → 서울 남부 터미널)
배차 시간 07:30, 08:30, 10:00, 11:30, 13:00,
15:00, 17:00, 18:30

★ 추천 코스

남해의 지형은 나비 모양으로 생겨서 나비의 오른쪽 날
개에 해당하는 상주, 삼동, 창선면과 왼쪽 날개에 해당
하는 서면과 남면을 운행하는 버스 노선이 다르다.

만약 오른쪽 나비 날개에 있는 독일인 마을에서 왼쪽
나비 날개에 있는 가천 다랭이 마을로 이동하고자 한다
면 나비의 몸통 부분에 해당하는 남해읍에 있는 남해
버스 터미널에서 버스를 갈아타야 한다. 이에 일정이
짧거나 편한 여행을 원한다면 날개의 한쪽만을 선택해
서 집중하는 것이 좋다.

남해의 오른쪽 날개에 해당하는 지역에는 독일인 마을,
물건항, 해오름 예술촌, 금산 보리암, 상주 해수욕장이
있고. 왼쪽 날개에는 가천 다랭이 마을과 남해 힐튼 골
프 & 스파 리조트 등이 있다. 2박 3일 이상의 일정이라
면 꼭 금산 보리암에 올라가 볼 것을 추천한다.

버스를 타고 남해읍 방향으로 상주 해수욕장을 지나다
보면 금산, 보리암 입구가 나온다. 이곳에서 내려 보리
암에 오르면 남해를 한눈에 볼 수 있다.

1박 2일 일정
독일인 마을 → 물건항 → 물건 마을 → 해오름 예술촌
→ 독일인 마을(숙박) → 미조항 → 상주 해수욕장 러브
크루즈

2박 3일 일정
독일인 마을 → 물건항 → 물건 마을 → 해오름 예술촌
→ 독일인 마을(숙박) → 미조항 → 상주 해수욕장 러브
크루즈 → 금산 보리암 → 홍현이나 가천 다랭이 마을
근처에서 숙박 → 가천 다랭이 마을 → 힐튼 남해 골프
& 스파 리조트

힐튼 남해 골프 & 스파 리조트

드라마 〈환상의 커플〉에서 나상실이 소유하고 있던 럭셔리 리조트인 힐튼 남해 골프 & 스파 리조트는 국내의 대표적인 럭셔리 리조트다. 남해의 아름다운 바닷가에 지어진 복합 레저 리조트로 국내 유일의 시 사이드 골프 코스(Sea-side Golf Course)를 갖추고 있다. 하지만 연인들에겐 리조트의 스파 시설이 더욱 매력적이다. 힐튼 남해 골프 & 스파 리조트의 '더 스파'는 남해의 푸른 바다를 감상하며 스파를 즐길 수 있는 노천탕을 가지고 있어 낭만 데이트 코스로 그만이다. 실내에서도 통유리를 통해 남해의 아름다운 바다를 볼 수 있다. 더 스파와 함께 운영되는 전문 테라피와 마사지를 받을 수 있는 테라피 공간 '오아시스'에선 고품격 테라피와 마사지를 받을 수 있으니, 연인과 남해를 바라보며 노천탕을 즐기고 피부 속까지 향기로워지는 테라피를 받아보자.

리조트 내에는 남해의 시원스러운 조망을 바라보며 식사할 수 있는 시 푸드 레스토랑 & 바 호라이즌과 세계의 다양한 요리를 즐길 수 있는 오픈 주방 형식의 뷔페 레스토랑 브리즈가 있다. 브리즈는 낮에는 커피숍으로, 호라이즌은 밤에는 바로 변신한다. 럭셔리 데이트 코스로 이용하면 좋은 곳이다. 오션 뷰의 힐튼 남해 골프 & 스파 리조트의 룸에서 1박(40만 원 이상)을 하는 것도 예산에 무리만 없다면 편안하고 낭만적이다.

◉ 정보
· 더 스파 오아시스 055-860-0453 / 평일(일~목요일) 10:00~24:00, 주말(금~토요일) 10:00~24:00
· 시 푸드 레스토랑&바 호라이즌, 뷔페 레스토랑 브리즈 055-860-0100
· 숙박 문의 055-860-0555

힐튼 남해 골프 & 스파 리조트에서 남해의 푸른 바다를
바라보며 럭셔리한 하루를 보낼 수 있다.

미인의 곡선보다 매혹적인
통영의 다도해

통영은 동양의 나폴리라 불리는 미항으로 충무라 불리던 육지와 충무교와 통영 대교로 이어진 미륵도, 그리고 150여 개의 섬으로 이루어져 있다. 청마 유치환과 작곡가 윤이상, 〈토지〉의 작가 박경리의 고향이기도 한 통영은 매혹적인 한려 해상 국립 공원의 핵심이다. 한려 수도 조망 케이블카를 타고 다도해를 한눈에 조망해 볼 수 있는 미륵산 전망대와 언제나 신선한 활어를 맛볼 수 있는 서호, 중앙 시장, 바다를 조망하며 예술과 자연의 극적인 조화를 보여 주는 남망산 조각 공원, 국내 유일의 해저 터널, 이순신 장군의 충정이 스며 있는 한산도, 소매물도, 매물도, 사량도 등 이름만 들어도 가고 픈 작고 아름다운 섬들이 가득하다. 또한, 청마 유치환과 정운 이영도의 사랑 이야기가 곳곳에 스며 있는 청마 거리, 환상적인 미륵도 드라이브 코스와 붉게 달아오르는 다도해의 장관을 한눈에 담아 낼 수 있는 달아 공원의 일몰 등 일주일을 머물러도 볼거리, 즐길 거리들이 마르지 않는 곳이 통영이다.

한려 수도 조망 케이블카 타고 감상하는 미륵산 전망대

시드니 타워 정상에서 거센 바람을 맞으며 시드니 항을 조망해 본 사람이라면 그 충격적인 아름다움에 숨을 멈춰 본 기억이 있을 것이다. 통영 또한 마찬가지다. 한려 수도를 조망할 수 있는 케이블카를 타고 미륵산 정상에서 바라본 다도해의 아름다움은 아찔함 그 자체다. 오래전부터 미륵산 정상의 일출과 전망은 최고의 아름다움으로 꼽혀 왔는데, 2008년 이 아름다운 풍광을 쉬이 취할 수 있는 케이블카가 생겨 연인들을 유혹하고 있다. 연인들에게 케이블카만큼 좋은 데이트 장소도 없다. 사람이 사랑에 빠질 때 분비되는 도파민, 세로토닌과 같은 전달 물질이 케이블카와 같이 높은 장소나 위험한 상황에서 분비되어 사랑이 이루어지거나 깊어질 확률이 높다고 하니 사랑의 매듭을 이곳에서 엮어 보는 것도 좋지 않을까?

　　　　한국에서 최장 길이의 관광 케이블카인 한려 수도 조망 케이블카는 2002년 12월에 착공해 2008년 4월 8일 개통되었다. 도남동 하부 정류장에서 미륵산 정상(해발 461m) 부근 상부 정류장 사이 1,975m를 연결하는 한려 수도 조망 케이블카를 타고 상부 정류장에 내려서면 '한국에 이런 곳이 있었던가' 하는 감동에 눈물이 핑 도는

INFORMATION ★★★★☆

위치 경상남도 통영시 도남동 349-1번지
문의 055-649-3804~5
시간 10~2월 09:30~17:00(탑승 완료 시간 15:30)
　　　 3~9월 09:30~18:00(탑승 완료 시간 16:30)
　　　 4~8월 09:30~19:00(탑승 완료 시간 17:30)
　　　 매월 둘째, 넷째 월요일 휴무
요금 대인 9,000원, 소인 5,000원
홈페이지 www.ttdc.co.kr

경험을 한다. 하지만 이 정도 감동은 시작일 뿐이다. 상부 정류장 2층 전망대에서 3층 전망대로 올라간 순간 하늘빛을 그대로 반사하는 다도해의 푸른 바다가 파노라마가 되어 망막을 지나 가슴 속으로 뛰어든다. 3층 전망대에서 바라보는 통영의 바다는 그지없이 이국적이면서도 한국적인 정서를 가졌다. 이순신 장군이 한산대첩을 치른 한산도 앞바다와 거제도, 사량도, 매물도가 있고, 그리고 그 시선의 끝에 걸쳐진 것은 대마도다.

상부 정류장의 1층에서 미륵산 정상까진 약 320m, 도보로 10분 정도의 거리다. 이 잘 정비된 산책로를 따라가다 보면 신선대 전망대와 한산대첩 전망대, 통영 병꽃 군락지, 전망 정자를 지나 미륵산 정상에 이른다. 미륵산 정상에 서면 거제도, 한산도, 학림도, 비진도, 연대도, 욕지도, 두미도, 사량도 등 헤아리기도 어려운 많은 섬과 통영 시내, 야솟곳이 한눈에 보이며, 상부 전망대에서 미처 갈무리하지 못했던 감동이 한꺼번에 밀려온다. 야솟곳은 백악기 화산 분화구에 자리한 다랑이 논이 인상적인

곳으로, 야숏곳이란 이름은 과거 무기를 만드는 대장간이 있어서 붙여진 이름이다. 늦봄 다랑이 논에 물이 대지면 하늘빛을 그대로 담아내는 다랑이 논의 아름다움이 특별하다. 미륵산 정상엔 이 탁월한 조망으로 과거 군사적으로 중요한 역할을 했던 봉수대가 있다.

이국적 정취가 가득한 소매물도

　　소매물도는 에메랄드 빛 바다와 푸른 풀밭, 흰 등대가 그림같이 어우러져 이국적인 아름다움의 절정을 보여 주는 곳이다. 쿠쿠다스 섬이라고 불리기도 하는 소매물도의 등대섬은 CF는 잊혔지만 여전히 사람들의 시선을 사로잡는다. 통영 여객 터미널에서 출발한 소매물도행 배에 몸을 실으면 한산도, 용초도, 비진도 등이 뱃길 옆으로 스치듯 지나간다. 작은 선착장에 내려 가파른 언덕배기에 옹기종기 모여 있는 허름한 섬 집들 사이로 20여 분쯤 올라가면 폐교가 된 소매물도 분교가 나온다. 생각보다 험한 오르막길에 지친 몸을 쉬기 적당한 폐교에서 잠시 숨을 고른 후 다시 걸음을 시작하면 곧 정상인 망태 봉이다. 이곳에서야 소매물도는 감춰 둔 아름다움을 뽐낸다. CF와 여러 미디어에서 비췄던 기암절벽 위 아름답게 박힌 하얀 등대와 그 앞으로 넓게 펼쳐진 푸른 풀밭, 풀밭 가운데를 화가의 절묘한 터치로 그려 놓은 듯 미려하게 가로지르는 연갈 빛의 오솔길은 동화 같은 아름다움을 보여 준다.

　　소매물도에서 등대섬으로 걸어가기 위해서는 하루 두 번 물때를 잘 맞춰야 한다. 미리 물때를 알아본 후 시간에 맞는 배를 타고 입항하는 것이 좋지만 물때가 맞지 않는다고 미리 실망할 필요는 없다. 배를 타고 등대섬을 한 바퀴 돌아보는

246

것도 좋고 단지 소매물도에서 등대섬을 바라만 봐도 좋다. 우리가 원하던 그 신비로운 아름다움은 소매물도에서 바라보는 전망만으로 충분하다.

예술과 역사, 바다 내음이 가득한 통영 시내권 여행

통영 시내권에 있는 여객선 터미널, 서호 시장, 중앙 시장, 세병관, 충렬사, 청마 거리, 해저 터널, 남망산 조각 공원 등은 모두 도보와 택시 기본요금 정도로 이동 가능한 곳이다. 맛집들도 거의 이 부근에 밀집되어 있으니, 운동화 한 켤레와 마음 맞는 동행 한 명만 있다면 더없이 즐거운 시내 여행을 할 수 있다. 소매물도행 여객선을 탈 수 있는 여객선 터미널은 통영 시내 관광의 중심이다. 여객선 터미널 앞은 새벽 어시장인 서호 시장이다. 서호 시장은 관광객보단 통영 현지인들을 위한 시장으로 더없이 싱싱한 활어를 만날 수 있는 곳이다. 그렇기에 어떤 이들은 이곳의 물건이 중앙 시장보다 좋다지만 그 진의는 알 수 없다. 단, 확실한 한 가지는 꾸밈없는 통영 시민의

01 달아 공원에서 바라본 동영수산과학관 02 달아 공원의 일몰 03 해저 터널 입구 04 중앙 시장 입구 05 중앙 시장 활어 좌판

삶을 느껴 보고 싶다면 서호 시장만큼 좋은 곳이 없다는 것이다. 만약 일정이 맞는다면 새벽녘 서호 시장에 들러 싱싱한 활어를 맛보고, 수산물 쇼핑으로 통영 여행의 참맛을 느껴 보자. 이곳에서 도보로 10분 정도만 이동하면 중앙 시장이다.

정오 이후에 장이 서는 중앙 시장은 관광객들에게 친숙한 곳이다. 대전 통영 고속도로가 개통된 이후에는 대전에서도 장을 보러 올 정도로 유명해진 중앙 시장에 들어서면 깔끔하게 정비된 시장통 중앙에 붉은빛 얼굴의 아주머니들이 빨간 대야 가득 펄떡이는 활어들을 내놓고 목청 높여 손님들을 청한다. 구경하는 재미만으로도 쏠쏠하지만 중앙 시장을 제대로 즐기려면 흥정을 해 봐야 한다. 아주머니와 밀고 당기는 흥정으로 멍게 한두 개라도 더 얻은 후 흐뭇한 마음으로 중앙의 활어 좌판 앞 일렬로 늘어서 있는 초장집으로 이동해 보자. 꼬들거리는 활어를 초장(1,000~2,000원)에 푹 찍어 싱싱한 채소(3,000원)에 싸 먹으면 구경의 재미, 흥정의 재미, 맛의 즐거움을 모두 얻을 수 있다. 중간 크기의 활어 두서너 마리에 멍게와 같은 서비스를 서너 개 끼워 2~3만 원이면 흥정할 수 있지만 흥정의 묘미는 얼굴을 붉히지 않을 만큼의 밀고 당기기에 있다.

중앙 시장 앞은 어선들이 가득 정박해 있는 강구안이다. 이 어선들 중앙에 사람들의 눈길을 한번에 사로잡는 거북선이 정박해 있다. 실물 크기의 거북선은 무료로 입장이 가능하며, 실내에는 거북선이 활약했던 임진왜란 당시 쓰였던 화포와 시설 그대로를 재현해 놓았다. 중앙 시장 옆, 즉 강구안 변을 따라 통영의 옛 지명 충무 하면 떠오르는 먹을거리인 충무김밥 집들이 밀집해 있다. 이 중 원조는 뚱보 할매 김밥(문의 055-645-2619/ 충무김밥 4,000원)이며, 한일 김밥(문의 055-645-2647/ 충무김밥 3,500원)도 유명하다. 중앙 시장의 중앙 도로 쪽 입구로 나와 세병관으로 걸어가는 길에 청마 거리가있다. 별달리 특별할 것 없는 거리지만 청마 유치환과 그의 연인이었던 이영도의 사랑 이야기가 곳곳에 스며 있는 곳이다. 청마 거리에 있는 통영 중앙동 우체국은 유치환이 그의 대표작인 〈행복〉을 써서 그의 연인에게 보낸 곳이다. 청마는 우체국 건너편 이 층 집에 살았던 이영도를 그리며 오천여 통의 연서를 썼다 한다. 지금도 그의 사랑 이야기가 중앙동 우체국 빨간 우체통 옆 대리석에 새겨져 있다.

〈행복〉
사랑하는 것은
사랑을 받느니보다 행복하나니라
오늘도 나는
에메랄드 빛 하늘이 환히 내다뵈는
우체국 창문 앞에 와서 너에게 편지를 쓴다.

행길을 향한 문으로 숱한 사람들이
제각기 한 가지씩 생각에 족한 얼굴로 와선
총총히 우표를 사고 전봇지를 받고
먼 고향으로 또는 그리운 사람께로
슬프고 즐겁고 다정한 사연들을 보내나니

세상의 고달픈 바람결에 시달리고 나부끼어
더욱더 의지 삼고 피어 헝클어진 인정의 꽃밭에서
너와 나의 애틋한 연분도

한 망울 연연한 진홍빛 양귀비꽃인지도 모른다.

사랑하는 것은

사랑을 받느니보다 행복하나니라

오늘도 나는 너에게 편지를 쓰나니

그리운 이여 그러면 안녕!

설령 이것이 이 세상 마지막 인사가 될지라도

사랑하였으므로 나는 진정 행복하였네라.

청마의 사랑이 가득 배인 중앙동 우체국에서 연인에게 짧은 편지를 써 보자. 사랑하는 것은 사랑받느니보다 행복하다. 청마 거리의 끝에 있는 세병관(문의 055-650-4590/ 입장료 200원)은 '은하수를 끌어와 병기를 씻는다'는 낭만적인 이름을 가진 국보 제305호다. 이순신 장군을 기념하기 위해 세운 세병관은 삼도수군 통제영의 객사로 1603년(선조 36)에 세워졌다. 과거에는 여러 전각이 위풍당당 들어서 있었던 삼군 수군 통제영 본영의 중심 건물이었지만 현재는 다른 전각들은 모두 사라지고 오직 세병관만이 남아 있다. 세병관 주위로는 수십 그루의 동백나무들이 둘러싸고 있어 동백 철이 되면 그 아름다움이 배가된다. 국보인 세병관 기둥엔 있어선 안 될 못 자국이 곳곳에 있다. 통영 초등학교의 전신인 진남 보통학교가 1908년 개교하며 세병관을 교실로 만들면서 남긴 자국이다. 과거의 흔적을 온전히 품은 세병관의 호젓한 너른 마루에 잠시 몸과 마음을 풀어놓으면, 진한 역사의 향기가 여행객들의 지친 심신을 어루만진다.

세병관 인근에 있는 사적 제236호 충렬사(문의 055-645-3229/ 입장료 1,000원)는 이순신 장군의 위패를 모신 사당으로 과거 봄, 가을에 통제사들이 충무공에게 제사를 지낸 곳이다. 경내에는 이순신 장군의 후손으로 통제사를 지낸 분의 비각을 비롯해 역대 통제사들의 비석들이 많다. 이 중 가장 오래된 것은 숙종 7년(1681년)에 세운 통제사 충무이공충렬 묘비다. 경내의 유물 전시관에는 보물 440호인 명나라 만력제가 충무공에게 선물한 명조팔사품이 전시되어 있다.

통영 관광의 마침표는 달아 공원에서 찍는 것이 좋다. 남해에서 가장 아름다운 일몰을 볼 수 있는 곳인 달아 공원은 미륵도를 한 바퀴 도는 꿈길 60리로 불리는 산양 일주 도로에 있다. 달아 공원의 관람 포인트는 관해정(觀海亭). 달아 공원의 중심에 있는 작은 정자인 관해정에 서면 사량도, 욕지도, 연화도, 비진도, 매물도, 용초도 등이 12폭 동양화가 되어 눈에 아로새겨진다. 달아 공원 인근에 있는 통영 수산과학관(문의 055-646-5704/ 입장료 2,000원) 또한 남해의 아름다운 비경을 감상하기 좋은 곳이다.

★ 맛집

충무김밥

약 70년 전 뱃일 나가는 남편의 쉬이 상하는 도시락을 걱정한 아내가 만들어 낸 충무김밥은 하얀 쌀밥을 김으로 말고 아삭거리는 무김치에 매콤달콤한 오징어무침을 곁들인 단순, 담백한 음식이다.

충무김밥의 원조는 중앙 시장 인근의 뚱보 할매 김밥(문의 055-645-2619/ 충무김밥 4,500원)이며, 인근의 한일 김밥(문의 055-645-2647/ 충무김밥 4,500원)도 유명하다. 충무김밥

집은 뚱보 할매 김밥이 있는 중앙 시장 옆 강구안 변에 많이 있으며, 여객선 터미널 앞에도 많이 모여 있다. 여객선 터미널 앞 충무 김밥집 중에는 전통 원조 할매 충무김밥(문의 055-643-8991/ 충무김밥 4,000원)이 맛있다.

졸복 국

통영 하면 떠오르는 또 다른 먹을거리로는 졸복 국이 있다. 5~6월이 제철인 졸복에 미나리, 콩나물 등을 넣고 맑게 끓여 내는 졸복 국은 여객선 터미널 근처에 있는 수정 식당(문의 055-644-0396/ 졸복 국 9,000원)이 유명하다.

오미사 꿀빵

동그란 단팥 도넛에 단맛 가득한 소스를 듬뿍 묻혀 만들어 내는 오미사 꿀빵(문의 055-645-3230/ 오미사 꿀빵 1팩 8,000원)은 그날 만들어 놓은 꿀빵이 다 팔리면 문을 닫는 것으로 유명하다. 심지어 오전 중에 문을 닫는 때도 있으므로 오후 3시 이전에는 찾아가야 한다.

시래깃국

적십자 병원 뒤에 있는 서호 시장에는 시래깃국(5,000원)으로 유명한 집이 있다. 이미 여러 매스컴에 출연해 유명해진 '원조 시락국집(055-646-5973)'이 그 주인공으로 8시간 동안 장어 머리를 고아서 만들어 내는 국물 맛이 남다르다.

다찌집/ 실비집

최근 들어 통영의 다찌집들이 외지인들의 주목을 받고 있다. 다찌집 혹은 실비집이라 불리는 이곳은 기본 한 상에 맥주 다섯 병 또는 소주 세 병과 함께 싱싱한 활어를 중심으로 20여 가지의 해산물 안주들이 나오는 통영 특유의 횟집이다. 소주나 맥주를 추가할 때마다 고급 안주들이 나오는 통영에서만 맛볼 수 있는 푸짐한 인심의 횟집들로 해저 터널의 미륵도 쪽 출구 부근인 미수동에 밀집되어 있다.

관광객들에게 명성을 얻고 있는 다찌집으로는 울산 다찌(문의 055-645-1350/ 기본 60,000원)가 있으며 항남동에 있는 대추나무 다찌집(문의 055-641-3877/ 기본 2인 50,000원)도 사랑받고 있다.

굴 요리

굴 요리로 유명한 향토집(문의 055-645-4808/ 굴 요리 정식 11,000원)은 전국에서 굴을 가장 많이 생산하는 통영에서 굴 요리로 유명한 곳이다. 이 식당의 굴 요리 정식은 굴 솥밥, 굴구이, 굴 전 등 다채로운 굴 요리로 구성되어 있다.

★ 숙박

통영에는 곳곳에 많은 숙박 시설이 있지만, 특히 미륵도 관광특구인 도남 관광지에 밀집되어 있다. 이 중 충무 마리나 리조트(문의 055-646-7001)는 요트장을 갖춘 고급 리조트로 바닷가에 있어 전망이 좋다.

이외의 깨끗한 숙박 시설로는 충무 마리나 리조트 뒤편 언덕에 있는 충무 관광호텔(문의 055-645-2091)과 서호 시장 근처에 있는 비치 호텔(문의 055-642-8181)이 있다. 중저가 숙박 시설인 모텔은 중앙 시장 앞바다 즉 강구안 변에 많이 있다. 강구안 변 모텔중 나포리 모텔(문의 055-646-0202)은 좋은 전망과 깨끗한 시설로 평이 좋다.

★ 교통

한려 수도 조망 케이블카(미륵산 전망대)

통영 시외버스 터미널이 통영 고속버스 터미널과 통합되어 2007년에 통영 시내에서 떨어진 북통영 나들목 부근의 죽림 신도시로 2007년 이전했다. 이에 택시를 이용하면 많은 요금이 부과되므로 될 수 있으면 시내버스를 이용하는 것이 좋다. 통영 종합 버스 터미널 앞 버스 정류장에서 700, 141번 시내버스(소요 시간 약 40분)를 타고 케이블카 하부역사 정류장에서 하차.

소매물도

❶ 통영 종합 버스 터미널 앞 버스 정류장에서 서호 시장 또는 여객선 터미널행 버스 탑승 후 서호 시장역에서 하차 후 해변 방향 골목으로 약 5분 걸어가면 소매물도행 여객선을 탈 수 있는 통영 여객선 터미널이다. 대부분 버스가 여객선 터미널(서호 시장)로 가므로 시내버스 기사에게 문의 후 탑승하는 것이 좋다.(소요 시간 20~30분)

❷ 통영 여객선 터미널(문의 055-642-0116)에서 소매물도행 배는 일 3회 있다. 기상 상황에 따라 운항 가능 여부가 결정되므로 예약을 받지 않는다.

통영 여객선 터미널 → 소매물도 07:00, 11:00, 14:30

소매물도 → 통영 여객선 터미널 08:15, 12:20, 16:15

문의 한솔 해운 055-645-3717

통영 시내

❶ 중앙 시장, 서호 시장, 여객선 터미널

통영 종합 버스 터미널 앞 버스 정류장에서 중앙 시장/서호 시장 방면 버스 탑승 후 중앙 시장은 중앙 시장역에서 서호 시장은 서호 시장역에서 하차한다. 버스 터미널에서 서호 시장까지 20~30분 소요된다. 여객선 터미널은 서호 시장역에서 하차 후 해변 방향 골목으로 5분 정도 걸어가면 된다.

❷ 달아 공원

시내 관광 후 달아 공원의 일몰을 보고 싶다면 서호 시장, 중앙 시장 버스 정류장에서 달아 공원행 시내버스를 탑승한다. 약 40분 소요된다.

★ 도시 간 이동

통영은 기차역이 없기에 버스로 이동해야 한다. 서울에서라면 서울 고속버스 터미널과 서울 남부 시외버스 터미널에서 통영 종합 버스 터미널까지 약 4시간 30분 소요된다.

통영 종합 버스 터미널 1688-0017

★ 추천 코스

통영 시내권 관광지인 충렬사, 세병관, 청마 거리, 중앙 시장, 남망산 조각 공원, 해저 터널 등은 도보나 택시 기본요금으로 이동할 수 있다. 이에 동선을 생각해서 묶어 여행하는 것이 좋다. 소매물도나 한산도를 가려면 여객선 터미널에서 출발해야 하므로 숙박을 한다면 여객선 터미널이나 도보 이동이 가능한 강구안 변에서 하는 것이 편하다.

일몰을 보기 좋은 관광지인 달아 공원과 한려 수도 조망 케이블카는 해 지기 30분 전쯤 도착해야 시시각각 변하는 다채로운 색의 향연을 볼 수 있다. 섬 여행에 가져가면 좋은 통영의 유명한 먹을거리로는 충무김밥과 오미사 꿀빵이 있으며, 술을 마셔야 하는 다찌집은 통영에서 숙박할 때 밤에 찾으면 좋다. 서호 시장 원조 시락국집의 시래깃국은 아침 해장국으로 좋다

무박 2일
심야 버스로 통영 도착 – 소매물도 출항(07:00시) – 여객선 터미널로 회항(12:20) – 도보 – 중앙 시장 – 도보 – 청마 거리 – 도보 – 세병관 – 택시 – 한려 수도 조망 케이블카

2박 3일
중앙 시장 – 택시 기본요금 – 해저 터널 – 시내버스 – 달아 공원 – 시내버스 – 여객선 터미널 인근에서 숙박 – 도보 – 서호 시장 – 여객선 – 소매물도 – 여객선 + 택시 – 충렬사 – 도보 – 세병관 – 도보 – 청마 거리 – 택시 – 한려 수도 조망 케이블카 – 도남 관광지나 여객선 터미널 인근에서 숙박 – 한산도 – 택시 – 남망산 조각 공원

한 다솔 산장(문의 055-642-2916)은 찻집도 겸한다. 소매물도 안에는 딱히 식당이라고 할 만한 곳은 없지만 하얀 산장에서 운영하는 매점에서 간단한 음식을 먹을 수 있다. 통영 여객선 터미널 앞에 늘어서 있는 충무김밥집에서 충무김밥을 사서 등대섬을 바라보며 한 끼 식사를 해결하는 것도 좋다. 정상 부근에서 목이 마를 수 있으니 물이나 음료를 통영이나 소매물도 선착장 부근 매점에서 준비해 가는 것이 좋다.

문의 통영 관광 안내소 055-650-4681, 섬사랑 nmmd.co.kr

★ Travel Tip

❶ 소매물도 여행에 걸리는 시간은 평균 잡아 약 2~3시간으로 왕복 이동 시간까지 해도 반나절 정도면 충분하다. 그러므로 아침 일찍 서두르면 오후 시간을 절약할 수 있다.

❷ 등대섬까지 걸어가기 위해서는 여행 전 물때를 확인해야 한다. 물때는 여러 곳에서 확인할 수 있지만 소매물도 행 여객선을 운행하는 섬사랑 사이트에서 정기적으로 업데이트하고 있다. 통영 관광 안내소에서도 소매물도 물때를 알아볼 수 있다.

소매물도에서 숙박을 원한다면 민박을 해야 한다. 30여 호에 달하는 소매물도 민가 대다수가 민박업을 하고 있지만 가장 깔끔한 곳은 하얀 산장(문의 055-642-8515)과 다솔 산장이다. 사모예드 종의 하얀 개들이 연예인과 같은 인기를 구가하며 다수의 미디어에 출연

통영의 저렴한 데이트 코스 & 럭셔리 데이트 코스

저렴한 데이트 코스 〈미륵산 전망대 무료 인터넷 엽서 코너〉

미륵산 상부 전망대에는 자판기 형태의 무료 인터넷 엽서 보내기 코너가 있다. 이 기계에 부착한 카메라로 사진을 찍은 후 간단한 메시지와 함께 원하는 사람에게 이메일을 전송할 수 있다. 미륵산 정상에서 둘만의 추억을 만들어 상대에게 전송해 보자. 일상으로 돌아가 엽서를 열어 봤을 때 사랑과 바다 내음이 가득할 것이다.

◉ 정보
미륵산 전망대: 055-649-3804~5

미륵산 전망대에서 인터넷 엽서 써 보기

럭셔리 데이트 코스 〈충무 마리나 리조트 요트 클럽〉

귀족 레포츠의 대명사인 요트. 요트 투어를 즐길 수 있는 곳이 통영에 있다. 통영을 대표하는 숙박지이기도 한 충무 마리나 리조트는 리조트 앞에 커다란 요트 계류장을 보유하고 요트 클럽을 운영하고 있다. 1994년에 문을 연 충무 마리나 리조트 요트 클럽은 세일 요트 10척과 모터 요트 8척을 보유하고 있으며 최근에는 25인승 세일 요트를 보강했다. 하얀 돛에 바람을 가득 안고 달리는 세일 보트를 타면 조류와 해풍을 그대로 느낄 수 있어서, 바다 한가운데에서 연인과 함께 최고의 시간을 보낼 수 있다.

여름 성수기는 야간 요트 투어도 있어 특별한 데이트를 할 수 있다.

⊙ **정보**

충무 마리나 리조트 요트 안내소: 055-640-8180
세일 요트 25인승 요금: 2시간 운항/ 한산도 인근 운항/ 전화 예약 후 티켓 구매/ 12인 이상 모객 시 운항
세일 요트 10인승 요금: 2~3시간 운항/ 한산도 인근 운항/ 전화 예약

Couple Date

Part.5 너를 위해 준비했어!
즐거운 테마 여행

봄 데이트

봄꽃이 꽃망울을 터뜨리면 이유를 알 수 없는 설렘에 어디라도 가야 할 것 같다. 연인이 있는 사람이라면 말할 것도 없이 봄 여행을 생각할 시기. 봄 여행지로는 꽃을 볼 수 있는 장소가 제격이다. 철철마다 나오는 봄 여행 기사대로 매화꽃은 화사하고 노란 산수유는 친근하다. 유명한 곳은 유명한 이유가 있다. 하지만 그만큼 사람들이 많은 것도 인지상정. 커플 여행이라면 조금은 조용한 곳이 좋지 않을까? 은은한 분위기 속에서 둘만의 추억을 만들 수 있는 봄 여행지로 떠나 보자.

40년 만에 개방한 서해안의 푸른 보석 '천리포 수목원'

천리포 수목원은 아직 많이 알려지지 않은 수목원으로 은은한 멋스러움이 가득하다. 귀화 미국인 민병갈(미국명 Carl Ferris Miller, 1979년 귀화, 2002년 4월 8일 사망) 씨가 평생을 바쳐 가꾼 천리포 수목원은 2009년 3월, 40년 만에 처음으로 개방했다. '서해안의 푸른 보석'으로 불리는 천리포 수목원은 '세계의 아름다운 수목원'으로 선정되기도 했다. 세계에서 12번째, 아시아에서는 처음이다.

인위적인 아름다움보다는 자연 친화적인 수목 그 자체를 보존한 수목원으로 바다와 인접해 있어, 바다와 산, 수목의 조화가 그림 같다. 대한민국 수목원 중 수목원에서 바다를 조망할 수 있는 곳은 이곳이 유일할 것이다. 천리포 해수욕장이 맞닿아 있어 함께 즐길 수 있다. 천리포 수목원이 가장 아름다운 시기는 목련이 꽃을 피우는 시기인 4월 말에서 5월 초쯤이다. 해풍의 영향으로 봄꽃 개화 시기가 늦기에 4월 말~5월 초에 가도 목련과 봄꽃들이 절정이다.

천리포 수목원
위치 충남 태안군 소원면 의항리 산185
문의 041-672-9982
시간 및 요금 11~3월 09:00~17:00(5,000원), 4~10월 09:00~18:00(시기별로 6~9,000원으로 차등) / 연중 무휴

일몰과 일출을 한자리에서~ 안면도 '황도'

섬 속의 섬 황도. 일몰로 유명한 안면도에는 일출로 유명한 섬 속의 섬 황도가 있다. 안면도에서 천수만 갯벌 300m 밖에 위치한 황도는 서해에서 보기 어려운 아름다운 일출로 사랑받는 곳이다. 드넓은 천수만 갯벌 가운데 위치한 섬이기에 바지락이 유명하다. 하지만 최근에는 펜션 단지로 더욱 유명세를 떨치고 있다. 일출을 보기 좋은 해변에는 어김없이 각각의 테마를 가진 펜션들이 자리하고 여행객들을 유혹하고 있다. 일몰과 꽃으로 유명한 안면도 여행 중 황도에서 일박한다면 일출과 일몰 모두를 볼 수 있어 일거양득이다.

황도 안의 유명한 펜션으로는 씨 앤 썬 펜션(문의 010-7234-8252)과 영화 〈누구나 비밀은 있다〉에서 바람둥이 이병헌이 김효진을 데리고 온 바닷가 절벽 위의 펜션인 휴먼 발리 펜션(문의 019-9415-7000)이 있다. 황도 근처 길이 1㎞, 폭 60여m의 작은 섬 쇠섬에 위치한 나문재 관광농원(문의 041-672-7634)은 쇠섬 전체를 펜션 부지로 활용하고 있는 고품격 펜션 단지로, 기념일을 위한 로얄 룸 등을 갖춰 이벤트가 있는 연인들이 이용하면 좋다.

황도 충남 태안군 안면읍 황도리

다채로운 봄 데이트 장소

　　4월 첫 찻잎으로 만드는 우전차를 맛볼 수 있는 초봄의 보성 차 밭 여행. 초봄의 보성 차 밭은 여린 찻잎이 새초롬히 올라와 싱그러운 연녹색을 띤다. 새벽 안개가 차밭을 감싸는 새벽녘이 가장 아름답다. 봄의 색이라면 초록을 제외하고 가장 먼저 떠오르는 것은 벚꽃이 상징하는 연분홍이다. 벚꽃이 아름다운 곳이라면 많은 곳이 있지만 내소사의 왕벚나무는 그 크기 면에서 압도적이다. 벚꽃과 고찰의 조화가 신비롭기까지 하다. 부안은 채석강, 적벽강, 개암사, 변산 비키니 해수욕장, 원숭이 학교 등 많은 볼거리가 있는 곳으로 며칠 머무르며 여행하기 좋다.

　　경주의 봄은 화사함 그 자체다. 유채꽃과 벚꽃이 만들어 내는 고도의 분위기는 환상적이다. 유채꽃과 벚꽃으로 둘러싸인 경주 첨성대 주변과 보문 단지 인근은 벚꽃철이 되면 사람들이 몰리는 것이 탈이지만 이를 감수할 만큼 매력적인 곳이다. 야간 조명을 잘해 놓아 벚꽃과 어우러진 야경 또한 백미다. 아산의 현충사도 봄이 되면 산수유, 매화, 백목련, 산벚꽃, 진달래, 개나리, 앵두꽃, 살구꽃, 산철쭉, 영산홍 등 봄꽃이

흐드러지게 피어나는 장소로 유명하다. 아산은 수도권 전철의 연장으로 찾아가기가 쉬워졌다. 대전 동학사의 벚꽃 터널은 경이로움 그 자체다. 동학사와 갑사는 산을 사이에 두고 마주하고 있어 운동화만 신었다면 산을 넘어 갑사에서 동학사로, 동학사에서 갑사로 넘어가 볼 수 있다. 정상 하단에 있는 보물 제1285호인 남매 탑 또한 좋은 볼거

땅끝 유채꽃 밭

리다. 화사한 남녘의 봄을 상징하는 순천 선암사는 '꽃 절'이라고 불릴 정도로 봄꽃으로 유명한 사찰로, 우리나라에서 가장 아름다운 돌다리로 꼽히는 보물 제400호인 승선교가 있다. 봄이 되면 매화와 동백 등 다양한 종류의 꽃이 화사하게 피어나는 사찰로, 떨어지는 꽃잎을 손으로 받으며 낭만 여행을 할 수 있다. 봄의 추천 휴양림으로는 안면도 자연 휴양림을 들 수 있다. 조선 시대 궁궐의 건축재로 쓰였던 붉은빛, 잘생긴 해송은 시원스럽고, 그 아래 피어 있는 색색의 봄꽃들은 아기자기하다.

봄의 땅끝 마을은 온통 유채꽃 잔치다. 땅끝 마을의 노랗고 푸른 들판과 어우러진 남해의 비경은 연인들의 마음을 한없이 설레게 한다.

상세 정보
보성대한다업: 문의 061-852-2593/ 요금 성인 3,000원
내소사: 종무소 063-583-7281/ 요금 성인 2,500원
동학사: 종무소 042-825-2570/ 요금 성인 2,000원
현충사: 문의 041-539-4600/ 시간 3~10월 09:00~18:00, 11~2월 09:00~17:00/ 매주 화요일 휴관/ 요금 무료
선암사: 종무소 061-754-5247/ 요금 성인 2,000원
안면도 자연 휴양림: 문의 041-674-5019
땅끝 마을: 땅끝 국민 관광지 관리 사무실 061-533-9324, 5544
땅끝 전망대 입장료: 1,000원, 땅끝 모노레일 왕복 4,000원

사랑이 무르익는 뜨거운 여름
섬으로 떠나자

푹푹 찌는 더위! 어디로 가야 할까? 시원함이 있는 곳이라면 어디라도 떠나고 싶은 계절이다. 그중에서 사면을 둘러보아도 푸른 바다만이 일렁이는 섬으로 떠나 보자. 1박 2일을 계획했다 해도 바다가 심술을 부리면 4박 5일도 좋은 것이 섬 여행이다. 둘만의 추억 만들기에 맞춤인 낭만과 의외성이 존재하는 섬으로 Let's go!

대한민국 10경 울릉도 '태하등대'

울릉도에서 가장 멋진 전망을 자랑하는 태하 등대. 과거 한 시간은 족히 올라야 했던 등산길에 20인승 모노레일(태하향목 관광 모노레일)이 생겼다. 태하1리 마을에서 태하 등대 진입로 304m에 설치된 이 모노레일의 탑승 시간은 6분이다. 최대 39도의 가파른 산비탈을 오르는 모노레일을 타고 상부 탑승장에 내려 10분만 걸으면 태하 등대에 이른다. 태하 등대 위에 서면 눈앞에 펼쳐지는 울릉도의 해안 절경에 눈을 깜빡이는 것조차 잊을 정도다. 아무리 푹푹 찌는 여름이라도 이곳에 올라 동해의

추산 일가 앞에서 바라본 일몰

바람을 전신에 맞으면 더위는 저 멀리 달아난다. 울릉도는 포항과 묵호에서 가는 두 가지 방법이 있다. 섬에 들어가서는 렌터카로 일주해도 좋고 우산 버스라는 울릉도 유일의 공용 버스를 타고 여행하거나 택시를 1일 렌트해서 돌아보아도 좋다.

하지만 지형이 워낙 험해서 운전에 능숙하지 않은 사람이라면 렌터카는 시도하지 않는 것이 좋다. 울릉도에서 가장 멋진 풍광을 자랑하는 숙소로는 추산 일가가 있다. 울릉도의 중심이라고 할 수 있는 도동항과 많이 떨어져 있기에 대중교통 이용자보다 렌터카 여행자들이 이용하는 게 좋다.

내수전 전망대

태하 등대

여객선 상세 정보

강릉→울릉도
씨 스타1: 출항 시간 09:00/ 소요 시간 2시간 30분/ 요금 1층 49,000원

울릉도→강릉
씨 스타1: 출항 시간 17:30/ 소요 시간 2시간 30분/ 요금 1층 49,000원

묵호→울릉도
씨 플라워: 출항 시간 09:00/ 소요 시간 3시간/ 요금 일반석 50,500원

울릉도→묵호
씨 플라워: 출항 시간 15:00/ 소요 시간 3시간/ 요금 일반석 49,000원

포항→울릉도
썬 플라워호: 출항 시간 10:00/ 소요 시간 3시간/ 요금 일반석 58,800원

울릉도→포항
썬 플라워호: 출항 시간 15:30/ 소요 시간 3시간/ 요금 일반석 57,300원

일몰이 아름다운 영화 〈해안선〉 촬영지 '위도'

　　격포항에서 배를 타고 50분, 홍길동전의 이상향이었던 율도국의 모델이었던 위도가 나온다. 위도는 과거 조기 울음소리로 가득했다고 전해질 정도로 조기 파시로 고깃배와 돈이 몰렸던 곳이다. 또한, 김기덕 감독이 톱스타 장동건을 내세워 찍었던 영화 〈해안선〉과 드라마 〈불멸의 이순신〉의 촬영지인 논금 해안이 있다. 마치 예술가가 만들어 바다에 박아 놓은 듯한, 항아리 모양의 해안 밖으로는 동양화 속 산수화를 옮겨 온 듯한 절경이 펼쳐진다. 위도의 해안 도로는 해안에 바짝 붙어 이어져 있다. 구불구불 해안을 따라 달리다 보면 부드럽게 굽이치는 해안이 꿈결 같다. 넓은 모래사장과 낮은 수심으로 여름철 피서지로 유명한 위도 해수욕장이 있어 여름 피서지로도 맞춤이다.

대청도로 둘만의 모래사막을 찾아서

　　　고즈넉한 분위기 속에서 둘만의 피서를 즐기고 싶다면 대청도로 가자. 한국에서 찾아보기 어려운 모래사막이 있는 섬으로 인천 연안 여객선 터미널에서 배로 3시간 40분이 걸리는 먼 섬이다. 모래 산은 대청도 북쪽 옥죽포 지역에 있다. 이 지역은 북풍이 강해 밀물에 밀려온 모래가 해안에 쌓이면 햇빛과 북풍으로 곱게 말려 준다. 이 은빛 모래가 북풍에 날려 산자락에 쌓여 모래 산이 되었다. 이곳은 중동이나 된 듯, 높은 모래 산과 모래 골짜기, 물결치는 파도 등이 이국적인 정취를 가득 풍긴다. 신비로운 모래 산 아래에는 야생화가 곱게 자라고 있다. 대청도에는 사탄동 해수욕장, 답동 해변, 지두리 해변, 옥죽동 해변, 농여 해변 등의 고운 모래가 깔린 해수욕장이 많다.

　　　이 중 사탄동 해수욕장과 농여 해변은 세상을 잊을 정도로 조용한 분위기에서 바다와 해변의 자유로움을 즐길 수 있는 곳으로, 조용함과 아름다움이 공존하는 장소이다. 최성수기에는 사람들이 꽤 들어오지만 그래도 다른 지역의 해수욕장들과

비교를 허락하지 않는 깨끗함과 조용함을 자랑한다. KBS 2TV 〈1박 2일〉 프로 중에 MC 몽이 옥죽동 해변에서 숭어를 잡는 것이 방송된 적이 있다. 큰 재주가 없어도 섬 어느 곳에서도 낚시가 가능한 곳이 대청도다. 우럭, 놀래미, 바닷장어, 홍어 등이 많이 잡히는 낚시꾼들의 천국이다. 백령도가 배로 20분, 소청도가 배로 5분 거리다. 2박 3일이면 연계 관광하기 좋다. 숙박업소는 민박이 주류이며 피서철에는 반드시 예약하고 들어가야 한다. 좋은 민박집 주인을 만나면 섬 일주 여행을 시켜 주는 등 많은 도움을 준다.

여객선 상세 정보

인천항 연안 여객 터미널에서 출발한 여객선이 소청도, 대청도, 백령도까지 차례로 입항한다. 대청도까지는 3시간 40분, 백령도까지 4시간이 소요된다. 세 대의 배가 각각 1일 1회 왕복하므로 1일 총 3회 운항한다. 단 13:00 출발 여객선은 격일 운행되기도 하고 변동이 있다. 먼바다를 항해하는 여객선은 출발에 변동이 많으므로 울릉도나 대청도, 백령도 같은 섬에 들어갈 때는 언제나 출항 전에 출항 여부를 확인해야 한다.

문의 인천항 연안 여객 터미널 032-880-7530
엄지 여관 032-836-2035, 수진이 민박 032-836-2411, 해당화 민박 032-836-2266, 할머니 민박 032-836-2313

떨어지는 낙엽에 사랑을 싣는다
오색 입은 산하

붉게 물든 산하와 노랗게 고개 숙인 들판 속에서 가을이 무르익어 갈 때면 많은 단풍객이 등산복을 꺼내 입는다. 하지만 단풍을 좋아하는 여자는 많을지언정 험한 등산을 좋아하는 여자는 많지 않다. 가을을 느끼기 위해서 꼭 등산할 필요는 없다. 강변의 갈대밭에서도, 호숫가 붉은 낙엽에서도 가을은 무르익어 간다.

남한 강변 따라 은빛 물결치는 단양 사평리 갈대밭

산과 강 그리고 은빛 갈대가 만들어 내는 환상적인 가을 풍광을 감상하려면 단양군 가곡면 사평리로 가야 한다. 가을이 되면 단양 가곡면 사평리에서 향산리까지 남한강 변을 따라 약 12km에 은빛 물결이 굽이친다. 남한강 변을 따라 자생 군락을 이룬 갈대밭은 가을만 되면 그 매혹적인 은빛으로 지나는 이들의 발길을 잡아끈다. 이 갈대밭은 아직 일반인들에게 널리 알려지진 않았지만 알 만한 사람은 다 아는 아름다운 가을 풍광지로 이름이 나 있다. SBS 드라마 〈일지매〉, 영화 〈쌍화점〉, 〈범죄의 재구성〉,

〈전우치〉 등의 촬영이 이루어진 숨겨진 가을 명소이다.

　　　　어른 키를 훌쩍 넘기는 높이로 우거진 갈대숲 사이로 사람들이 밟아 만들어 놓은 작은 오솔길이 나 있다. 이 길을 따라 사색하듯 걷다 보면 이 세상에 연인과 나 둘만이 있는 듯하다. 연인과 둘만의 오붓한 시간을 보내기 좋은 장소로 인근에 가을 단풍 명소인 구인사가 있으니 같이 둘러보면 좋다.

단양군 관광 안내소 043-422-1146

사평리 갈대밭

구인사 단풍

유람선 타고 단풍 구경 – 청풍호 유람선

청풍호 또는 충주호라 불리는 유람선을 타고 단양팔경 중 1경인 옥순봉과 구담봉을 비롯해 설마동, 오성암, 제비봉, 노들봉, 강선대, 현학봉, 채운봉, 금수산 등의 기암 절경을 즐겨 보자. 특히 가을 풍광이 아름다워 동양화 12폭을 뽑아 놓은 듯하다. 충주호 유람선은 충주 나루, 월악 나루, 청풍 나루, 장회 나루, 신단양 나루 등의 구간을 오가는 다양한 코스를 가지고 있지만 이 중 장회나루에서 청풍나루를 오가는 왕복 25km 구간이 가장 볼 만하다. 쾌속선으로 한 시간, 대형선으로 한 시간 삼십 분이 걸리는 코스다.

충주호
문의 043-422-1188
시간 동절기 09:00~일몰, 하절기 08:30~일몰
요금 성인 12,000원
탑승장 장회 나루, 청풍 나루
홈페이지 www.betaja.com

가로수가 청초한 남이섬과 베토벤 바이러스의 촬영지 쁘띠프랑스

남이섬이 문화 관광지로 변모하고 있다. 70~80년대 연인들의 단골 데이트 장소였던 남이섬은 몇 년 전만 해도 가족 유원지적인 성격이 강했다. 하지만 최근 들어 남이섬 문화학교, 재활용 센터, 유니세프 홀, 레종 갤러리, 안데르센 홀, 호텔 정관루 등을 개관하고, 다양한 문화 행사를 개최하면서 고품격 문화 관광지로 탈바꿈하고 있다. 남이섬은 가을이면 세상에서 가장 아름다운 낙엽길을 걸어 볼 수 있는 장소 중 하나다. 중앙 은행나무길은 가을이 되면 노란 폭죽을 터트리듯 수많은 나뭇잎이 연인들의 머리 위로 떨어진다.

별장촌 끝에서 연인의 숲을 거쳐 남단 창성궁에 이르는 강변 아기 은행나무길은 가을 여행길의 작은 선물이다. 연인용 자전거를 타고 호수 변 자작나무길을 달려 보자. 가을의 여유가 피부로 스며든다. 호수를 바로 앞에 두고 있는 연인형 투투 별장이

있어 1박 2일의 여유로운 여행을 즐기기도 좋다. 드라마 카페 '연가지가'는 〈겨울연가〉의 제작 발표회가 열린 곳으로서 드라마 촬영 시 베이스캠프로 사용했던 곳이다. 최근 들어 서울 인사동에서 남이섬까지 직행 투어 버스(문의 031-580-8151~2)를 운행하고 있어 찾아가기가 수월해졌다.

　　　　남이섬에서 차로 약 30분. 프랑스 문화 마을 쁘띠 프랑스가 최근 들어 연인들의 폭발적인 사랑을 받고 있다. 그리스의 산토리니 같은 지중해의 한 마을을 그대로 옮겨 온 듯한 쁘띠 프랑스는 청평호반을 끼고 호명산 자락 약 3만 7,000평의 부지 위에 2008년 8월 개관했다. 16동의 건물은 프랑스 문화 체험 공간인 프랑스 전통 주택 전시관, 생 떽쥐베리 기념관, 오르골 하우스, 다목적 홀, 갤러리, 소·대극장, 야외 원형 극장, 수련 및 숙박 시설로 채워져 있다. 모든 건물은 각각의 테마에 맞춰 프랑스에서 직수입한 가구 및 인테리어 소품들로 꾸며져 있다. 꽃과 별 그리고 어린 왕자를

남이섬
문의　관리소 031-580-8114
　　　　춘천 남이 관광 안내소 031-580-8151~2
시간　07:30~21:40(배 운행 시간)
요금　성인 10,000원

쁘띠 프랑스
위치　경기도 가평군 청평면 고성리 616
문의　031-584-8200
요금　성인 8,000원

테마로 아기자기하게 꾸며져 있어 연인들이 둘러보고 사진을 찍으며 낭만적인 데이트를 하기에 적격인 곳이다. 하루에 세 번 야외 원형 극장에서 열리는 연주회를 놓치지 말자. 기대 이상의 수준 높은 음악 공연(연주 공연 시간 11:30, 13:30, 15:30)에 즐거움이 배가된다.

곤돌라로 1,500m 설천봉 정상을 정복하다, 무주 리조트

눈 덮인 향적봉과 설원을 가르며 내려오는 스키어들의 낙원, 무주 리조트. 하지만 여유로운 분위기 속에서 덕유산 국립 공원을 즐기고 싶다면 가을이 좋다. 가을 산의 낭만을 손쉽게 느껴 보고 싶으면 무주 리조트의 곤돌라를 타야 한다. 곤돌라 상부 정류장에 내리면 1,500m 설천봉 정상이다. 이곳에서 덕유산 정상인 향적봉까진 도보 20분. 덕유산 산행 중 가장 멋스러운 구간이다. '살아 천 년 죽어 천 년'을 산다는 주목 고사목이 등산로 주위로 꼿꼿이 서 있고, 천 년을 산다는 300~500년 된 주목들이 향적봉 주위를 아우르고 있다. 새색시의 주름진 주홍 치마 같은 덕유산 정상의 가을 정취를 충분히 즐긴 후 산에서 내려오는 방법은 두 가지이다. 곤돌라를 타고 내려오는 방법과

상세 정보

문의 무주 리조트 063-322-9000
       무주 리조트 내 관광 안내소 063-322-2905
곤돌라 탑승료 성인 12,000원

백련사를 거쳐 삼공리 매표소로 내려오는 방법이다.

전자를 선택한다면 도보 40분, 곤돌라로는 왕복 30분이 소요된다. 후자를 선택한다면 하산 코스로 3~4시간 소요된다. 백련사까지는 하산 길이지만 꽤 가파른 코스가 곳곳에 있어 쉽지 않다. 하지만 백련사부터는 넓은 임산 도로여서 수월하다. 삼공 매표소 주차장에서 무주 리조트로 돌아가는 셔틀버스가 있다. 무주 리조트 인근의 적상산은 가을 단풍으로 유명한 곳이다. 적상산 정상에 있는 안국사는 구름 위에 있는 사찰로 불린다. 산의 정상, 구름과 시선을 맞추며 자리하고 있는 안국사는 사람이 아닌 신선이 머무르는 곳인 듯하다.

가을 산의 걸작 주왕산 국립 공원

높이 721m 그리 높지 않은 주왕산은 기암절벽과 폭포가 많아 빼어난 경관을 자랑한다. 세상을 등진 선비들이나 참선하려는 고승들이 많이 살았다 해서 대둔산이라고 부르기도 했다. 주왕산의 가장 큰 볼거리는 주왕암에서 별 바위까지 13km 숲이다.

주산지

대전사

송소 고택

상세 정보
주왕산 국립 공원 054-873-0018
송소 고택 054-874-6556(1박 50,000~150,000원)

화려한 기암괴석과 폭포, 화려한 단풍이 어우러진 풍광은 자연이 만들어 낸 걸작으로, 계곡 양안으로 쭉쭉 뻗어 올라간 병풍 같은 기암들과 어우러진 단풍의 고운 자태는 아찔한 절경을 보여 준다. 제1폭포에서 제2, 제3폭포를 지나 내원동까지의 계곡을 따라 난 등산로는 평탄한 흙길이어서 연인끼리 산책하듯 둘러보기 적격이다.

신라 문무왕 때 창건한 대전사(大典寺), 주왕의 아들, 딸이 달 구경을 했다는 망월대(望月臺), 멀리 동해가 바라다보이는 왕거암, 주왕이 숨어 살았다는 주왕굴(周王窟) 등 많은 볼거리가 있다. 주왕산 인근의 주산지는 단 한 번도 물이 마른 적 없다는 저수지로 새벽 안개가 신비로운 곳이다. 신비로움이 가득한 주산지로의 새벽 산책을 잊지 말자. 인근의 송소 고택은 9대째 2만 석지기로, 해방 전 일제 강점기 때도 2만 석지기를 할 정도의 거부 고택으로, 한옥 체험을 하기 좋은 곳이다.

숨겨진 가을 여행명소 문경 대승사, 윤필암

연인과 조용히 가을 여행을 하고 싶다면 대승사 윤필암만한 곳이 없다.

쌀쌀한 가을 공기에 울긋불긋 단풍이 물들면 윤필암이 위치한 사불산은 여인이 화장한 듯 변신한다. 윤필암은 대승사가 거느린 네 개의 암자 중 하나다. 절을 오르는 좁은 오솔길 좌우로는 쭉쭉 뻗은 전나무들이 호위하듯 길게 늘어서 있다. 대승사는 1500년의 역사를 자랑하지만 대부분의 사찰 건물은 근래에 중창한 것이다. 대웅전 안의 목각후불탱화의 소유권을 명시한 문서 4매는 현재 보물 제575호로 지정돼 있다.

　　　이외의 보물로는 일반에 미공개하고 있는 보물 제991호로 지정된 금동관음보살좌상이 있다. 대웅전의 동편 요사체 내에 있다. 대승사의 템플 스테이 또한 한번쯤 해볼 만한 프로그램이다. 하지만 대승사 여행의 하이라이트는 윤필암이다. 비구니들의 수행 도량인 윤필암은 주변 산세와 어우러진 비경으로 알 만한 사람들 사이에서는 이미 오래전부터 입소문이 자자한 사찰이다. 여승들의 수도 도량이어서일까? 정갈하고 부드러운 분위기가 암자 전체를 감싸고 있다. 유리창을 통해 사불산 사방불석을 볼 수 있는 사불전과 암자 입구의 관음전만 출입이 가능하다. 차가 있다면 인근 김용사까지 같이 둘러보는 것도 좋다.

상세 정보

문경시 관광 안내 센터 054-550-6414
대승사 054-552-7105
김룡사 054-552-7006

순백의 낭만 사냥

하얗게 쌓인 순백의 눈 위로 첫발을 디뎠을 때의 느낌은 안타까움과 설렘이다. 순백의 느낌을 가장 잘 살릴 수 있는 눈 쌓인 사찰, 추위가 슬그머니 겨드랑이 밑으로 파고들 때 생각나는 온천, 짙푸른 바다 위로 떨어지는 눈송이가 애처로운 겨울 바다, 세계 20대 워터 파크 중 하나인 온천 워터 파크로 여행을 떠나 보자.

천불천탑 운주사와 화순 온천

오래전 한적한 크리스마스 여행지를 찾아 운주사로 향한 적이 있다. 눈 쌓인 운주사의 풍광에 받았던 감명은 세월이 흘렀어도 잊히지 않는다. 하얀 눈 속에 꼿꼿이 서 있던 구층석탑과 하늘을 바라보고 하염없이 흰 눈을 맞고 있던 와불, 천불천탑의 전설과 인세를 구원할 미륵에 관한 이야기가 전해 오는 운주사는 매우 토속적이며 신비롭다. 단 하루 동안 천불천탑을 세웠다는 이야기가 전해져 오는 운주사는 3기의 보물을 품고 있다. 보물 제796호인 구층석탑, 보물 제797호인 석조불감(石造佛龕), 보물

제798호인 원형 다층석탑은 모두 사찰 앞 계곡 안에 길게 늘어서 있다. 운주사는 사찰 자체는 볼거리가 아니다. 70년대까지 거의 폐사찰로 내려오다 중창된 지 얼마 되지 않는다. 하지만 사찰은 운주사의 일부일 뿐이다. 사찰을 중심에 두고 둘러싸고 있는 산등성이와 계곡 안에는 천불천탑 중 탑 19기, 석불 93구가 남아 있다.

보물과 와불 이외에도 운주사에는 꼭 보아야 할 명물이 있다. 하늘의 북두칠성을 지상에 끌어다 놓은 칠성 바위가 그 주인공이다. 운주사 경내 산등성이에 자리하고 있다. 북두칠성의 밝기에 맞춰 둥근 돌의 크기를 맞추어 놓은 놀랍도록 과학적인 유물이다. 운주사가 위치한 화순에는 화순 온천이 있다. 겨울 여행지로 안성맞춤인 화순 온천이 있는 이 지역은 과거 한겨울에도 눈이 쌓이지 않고, 개구리가 동면하지 않는 지역으로 유명했다 한다. 화순 온천은 성인병 예방과 피부 미용, 심장 강화에 도움을 주며, 관절염, 무좀, 아토피성 피부염 등의 치료에 좋은 효과가 있다고 알려졌다. 금호 화순 리조트 내에 온천장과 함께 물놀이 시설인 아쿠아나가 있다.

상세 정보
한국 관광 공사 안내 센터 061-1330
금호 화순 리조트 061-372-8000

겨울 온천 워터파크 열전! 덕산 스파 캐슬, 오션 캐슬, 설악 워터피아

하얀 김이 올라오는 온천장에 바가 있다? 덕산 스파 캐슬에는 연인끼리 이야기꽃을 피울 수 있는 온천 카페인 아쿠아바가 있다. 반신을 물에 담근 채 무알코올 음료를 즐길 수 있는 시설이다. 덕산 스파 캐슬은 49도의 천연 덕산 온천수로 운영되는 워터 파크이다. 수치료 전문 시스템을 갖춘 바데풀을 중심으로 다양한 이벤트탕과 테마 찜질방 사랑채로 구성된 파라원과 젊은 세대를 위한 물놀이 레저존인 워터레이, 써니레이, 한국식 테마탕인 해미원, 음악에 따라 오색오감을 즐기는 테마 탕과 온천 사우나로 이루어져 있다. 다양한 물놀이 시설을 갖추고 있어 연인들의 익사이팅 데이트 코스로도 좋다. 고무 튜브를 타고 속도감 있는 터널 여행을 하는 마스터 브라스터가 특히 스릴 만점이다. 덕산 스파 캐슬의 강점은 야간 스파에 있다. 어둠이 깔리고 은은한 조명이 들어온 야외의 연인탕은 둘만의 숲속 온천탕인 듯하다. 로맨틱탕 또한 연인들의 필수 코스이며, 야외 스파는 40% 할인된 가격으로 이용 가능하며 아쿠아 바에서는 공짜로 칵테일도 제공한다.

안면도의 오션 캐슬은 덕산 스파 캐슬과 달리 물놀이 시설 없이 야외

오션 캐슬 파라디움

덕산 스파 캐슬

온천장에 무게를 실은 곳이다. 꽃지 해수욕장을 바라보며 야외 온천을 즐길 수 있는 야외 스파 시설이 인기다. 눈 오는 날 노천 선셋 스파에서 해지는 바다를 바라보며 온천을 즐기는 운치가 남다르다. 오션 캐슬의 실내 스파 파라디움은 둘만의 스파를 즐길 수 있는 연인들을 위한 스파 시설로, 반드시 예약을 해야 이용할 수 있다. 끝없이 펼쳐진 모래 사장이 자랑인 삼봉 해수욕장과 눈 쌓인 해송 숲이 아름다운 안면도 자연 휴양림 등과 같이 둘러볼 만한 관광지가 많은 것도 강점이다. 설악 워터피아는 국내에서 가장 오래된 온천 테마 파크로, 눈 덮인 설악산의 장엄한 비경을 야외 온천장에서 즐길 수 있다. 하루 3천 톤씩 솟아나는 49도의 알칼리성 중탄산나트륨 온천수로 전 업장이 이용한다.

덕산 스파 캐슬: 041-330-8000
안면도 오션 캐슬: 041-671-7000
설악 워터피아: 033-635-7711

설악 워터피아

신두리 겨울 바다

겨울의 신두리 해변은 마치 사막에 들어선 듯 황량하고 쓸쓸하다. 끝없이 펼쳐진 모래 해변과 탁월풍에 의해 날린 모래가 쌓여 만들어진 모래 언덕은 이국의 풍경인 듯하다. 과거 방파제가 생기기 전에는 하루 동안에도 모래 언덕이 생겼다가 없어졌다 한다. 그만큼 이 지역은 겨울철 북서풍이 강하다. 강한 북서풍을 맞으며 모래 언덕을 거닐 땐 겨울의 쓸쓸함이 여행의 풍미를 더해 준다.

신두리 해변의 절반은 개발되어 자작나무(문의 041-675-9995), 하늘과 바다 사이(문의 041-675-2111) 등 많은 펜션이 들어서 있다. 그 이상은 천연기념물로 지정되어 보호되고 있으니 다행인 듯하다. 달콤 쌉싸름한 겨울 바다 여행을 하고 싶을 때, 또는 차가운 겨울 바람에 연인의 체온을 느끼고 싶을 때 찾으면 좋은 곳이다.

덕구 온천 스파 월드 054-782-0677

국내 유일의 용출 온천 울진 덕구 온천 스파 월드와 죽변항 대게

덕구 온천은 국내 유일의 땅에서 하늘로 솟구치는 용출 온천이다. 덕구 온천 스파 월드에서 약 4㎞ 정도의 계곡 길을 따라 올라가면 용출 온천지가 나온다. 각종 미네랄이 풍부한 약알칼리로 피부 미용과 근육 피로를 푸는 데 좋은 효능을 가진 덕구 온천수는 42도의 최적의 온도를 자랑한다. 덕구 온천 스파 월드에서 자연 용출지까지의 4㎞의 계곡을 따라 난 덕구 테마 계곡엔 세계의 유명 교량이 설치되어 있다. 미니 사이즈의 이 교량들을 따라 한 시간 정도 산책로를 따라가면 마치 작은 돌탑처럼 만들어진 용출 온천지가 나온다. 용출지 주변에 족욕을 즐길 수 있는 시설이 만들어져 있다. 용출지에서 나온 따뜻한 온천수는 마셔도 좋고 족욕을 해도 좋다.

자연 용출지에서 솟아나온 온천수는 4㎞에 이르는 송수관을 타고 덕구 온천 스파 월드로 흐른다. 덕구 온천 스파 월드가 있는 덕구 온천 호텔에서 숙박을 한다면 매일 아침 7시 해설가의 안내로 진행되는 덕구 테마 계곡 등산 무료 프로그램에 참가할 수 있다. 울진은 덕구 온천 외에도 유황 온천인 백암 온천, 불영 계곡, 불영사, 망양정, 성류굴, 죽변항 등 볼거리, 즐길거리가 많은 곳이다. 특히 죽변항의 대게는 한 번 맛보면 잊을 수 없는 감칠맛으로 아름다운 죽변항에서 만끽하는 즐거운 미각 여행이 될 것이다.

눈 덮인 선운사의 비경에 취하다

　　백제 시대(577년) 창건된 천년 고찰 선운사. 봄의 동백(천연기념물 184호)과 가을의 상사화로 유명한 곳이다. 하지만 이 절의 진정한 멋스러움은 겨울에 있다. 여성스러운 분위기가 강한 전라도 지방의 사찰 중에서 특이하게도 단순하면서도 장중한 분위기가 강한 곳이다. 절의 이런 단순 담백한 분위기는 계절상 겨울과 딱 맞아떨어진다. 흰 눈을 맞으며 의연히 서 있는 선운사의 선경은 겨울이 주는 선물이다. 창건 당시 3,000여 명의 스님이 기거하는 대가람이었던 선운사는 현재 대웅전(보물 제290호)을 비롯해 금동보살좌상(보물 제279호), 지장보살좌상(보물 제280호)과 지방 문화재 10점, 천연기념물 3점 등을 보유한 보물 사찰이다.

　　10년 전만 해도 사찰 앞 민가에서는 자전거를 대여했었다. 이 자전거를

타고 도솔암까지 가는 여정이 참으로 멋스러웠던 기억이 새롭다. 현재는 사찰 보호 차원에서 자전거는 입장할 수 없다. 하지만 선운사에서 흙길 3.5㎞를 걸어가면 만날 수 있는 도솔암을 선암사 여정에서 빼놓을 수는 없으며, 동양 최대 규모의 마애불이 투박하지만 정겹게 서 있다. 선운사는 선운산 도립 공원에 위치하고 있다. 선운사 도립 공원은 기암괴석으로 이루어진 수많은 돌 봉우리가 아름다운 산으로 내금강으로 불릴 정도이다. 선운사에서는 크게 힘들이지 않고 가벼운 산행으로 비경을 경험할 수 있다.

선운산 도립 공원 관리 사무소 063-563-3450

익사이팅 데이트

스릴과 낭만을 찾아

익사이팅 데이트 스폿 No. 1 – 제천 청풍 랜드

국내 어디에서도 보기 어려운 시속 100㎞의 속도로 60m까지 튕겨져 올라가는 이젝션 시트와 40m 상공에서 거대한 그네를 타듯이 호수를 향해 거대한 스윙을 하는 빅 스윙, 청풍호 변 62m 번지 점프대가 있는 청풍 랜드. 전국 어디를 가도 연인들에게 이만한 스릴과 낭만을 주는 곳은 없을 것이다. 하늘과 호수, 산에 둘러싸여 낭만적인 스릴을 즐길 수 있는 최적의 장소다.

상세 정보는 파트1 청풍호권 편 참조

익사이팅 데이트 스폿 No. 2 - 단양 모터 행글라이딩

모터 행글라이딩은 작은 엔진이 달린 모터 행글라이더를 타고 활공하는 신종 스포츠다. 작은 엔진이 달려 평지에서 이착륙할 수 있다. 단양 남한강 변 언덕 위에서 모터 행글라이더를 타고 솟아오르면 줄기줄기 뻗은 태백산맥과 그 사이를 가로지르는 남한강 그리고 강변을 따라 길게 이어진 단양 시내가 한눈에 들어온다. 남한강 변에 자리한 단양팔경 중 도담삼봉을 수백 미터 상공에서 볼 수 있는 특별한 체험을 할 수 있는 익사이팅 데이트 코스이다.

모터 패러글라이딩 이착륙장 인근의 남한강 변은 국제 오프 로드 행사장으로 일 년에 네 차례 정도 지프 차와 오프 로드 오토바이 행사가 열리는 곳이다. 모터행글라이딩 이외에도 단양은 래프팅, 서바이벌, 낚시, 패러글라이딩, 행글라이딩, 클레이 사격 등 각종 레저 스포츠를 즐길 수 있는 레포츠의 고장이다.

아름다운 비행 체험장
위치 및 교통 단양군 시외버스 터미널에서 택시로 약 5분 거리, 국궁장(성신 사택) 옆
연락처 010-5243-2722
예약 성수기인 7~8월 주말이 아니라면 예약하지 않아도 된다. 단, 평일과 같이 관람객이 없는 시기에는 영업을 안 할 수도 있으므로 미리 전화하고 방문하는 것이 좋다. 요금은 현금만 받는다.

익사이팅 데이트 스폿 No. 3 - 한탄강 래프팅

한국의 그랜드 캐니언으로 불리는 한탄강 협곡을 따라 유유히 흘러가는 한탄강 래프팅. 한탄강 래프팅은 급류 구간과 비급류 구간이 계단식으로 이어져 있어 급류구간에서 느끼는 스릴과 잔잔한 비급류 구간에서 느끼는 풍경감이 최고의 조화를 이룬다. 기암절벽과 절벽을 타고 쏟아져 내리는 폭포들, 한탄강이 만들어 내는 12폭 병풍 같은 절경 속에서 펼쳐지는 래프팅 레이스는 익사이팅 데이트 코스로 10점 만점에 10점이다. 배를 타지 않으면 볼 수 없는 화산 지형인 한탄강의 아름다운 비경을 감상할 수 있는 최고의 래프팅 코스 중 하나다. 북한과의 국경 근처에 있기 때문에 DMZ 투어와 함께 연계하여 관광하기 좋다. 래프팅 업체들은 고석정과 순담 계곡 쪽에 몰려 있다.

대표적인 한탄강 래프팅 코스
래프팅 구간 고석정에서 순담 계곡을 거쳐 군탄교까지 5.5㎞, 약 3시간 소요
문의 관광 안내소 033-1330, 철원 군청 관광문화과 033-450-5365
요금 30,000원 이상

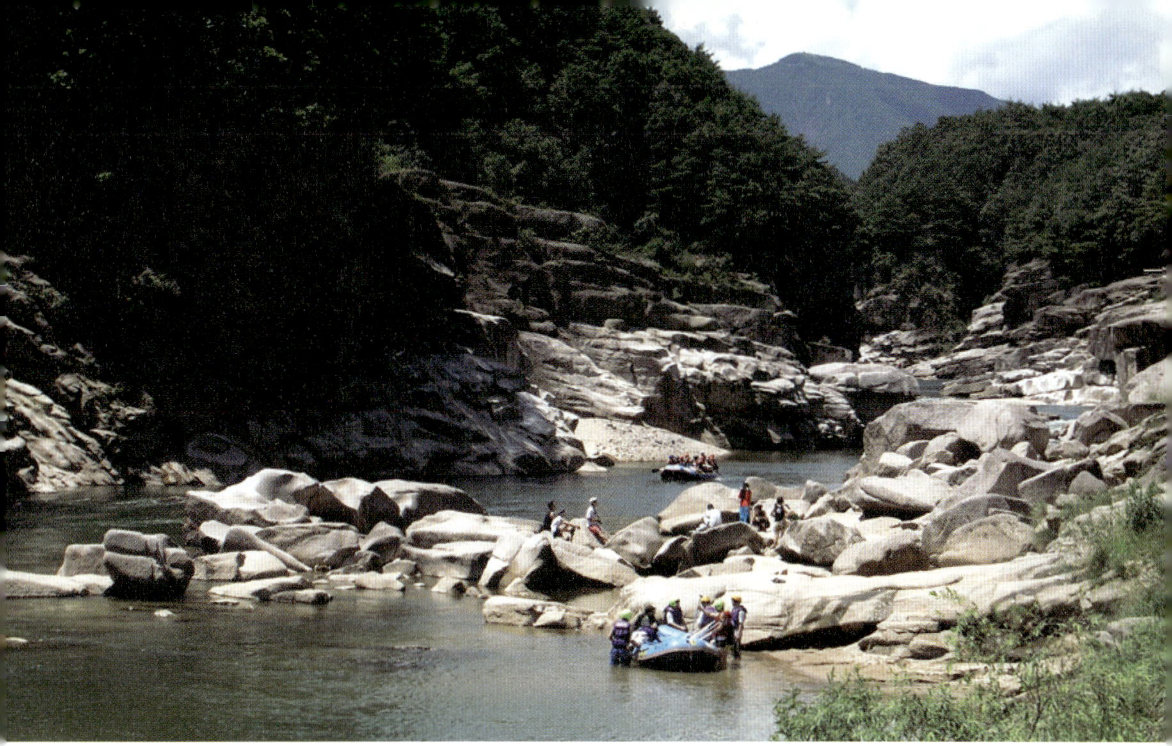

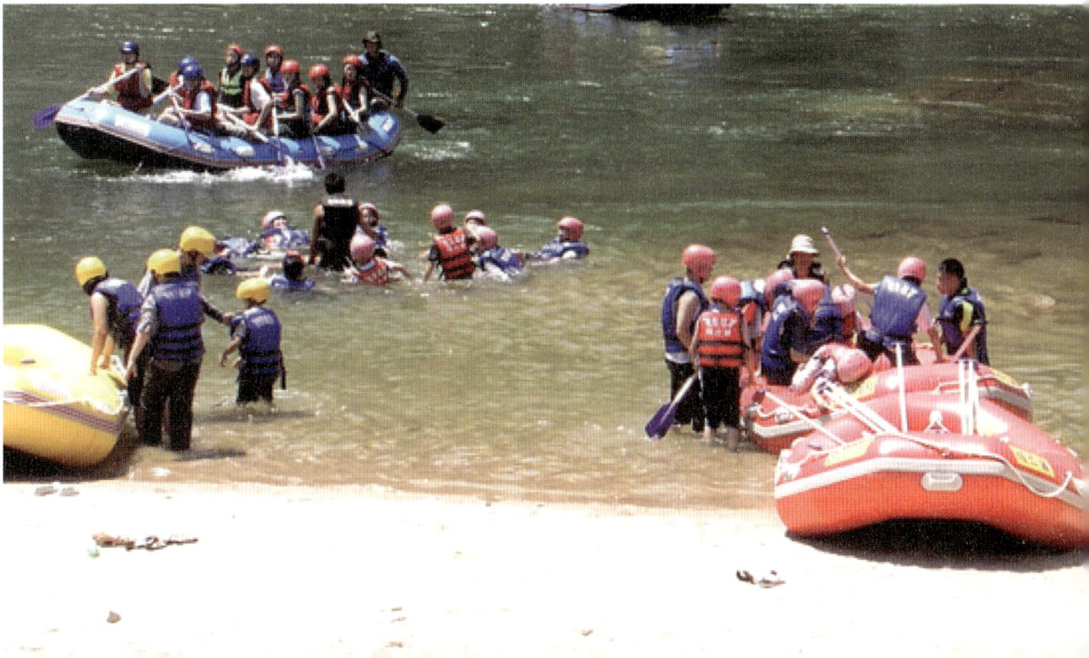

뜨거운 사랑을 그녀에게 바치다
프러포즈하기 좋은 장소

연인과 함께하는 여행 중 프러포즈를 받는다면? 천둥이 치고 비바람이 불어도 그 순간만큼은 새털구름이 흐르는 남태평양의 코발트 빛 해변에 와 있는 듯할 것이다. 하지만 장소가 너무 격에 맞지 않는다면 감동이 반감될 수 있다. 성공적인 프러포즈를 위한 최적의 프러포즈 장소를 소개한다.

정동진 하슬라아트 월드

하슬라 아트 월드는 동해 해안 도로와 맞닿은 3만 5천여 평의 산을 가꾸어 만든 명품 아트파크다. 하슬라 아트 월드를 꾸민 예술인들의 혼이 동해의 아름다움과 어우러진 특별한 장소로 동해를 등지고 공원을 오르다 보면 고백의 의자가 수줍게 동해를 바라보고 앉아 있다. 고백의 의자도 좋지만 개인적으로는 바다 전망대를 추천한다. 수평선과 하늘을 구분할 수 없을 정도로 시원스럽게 뻗은 전망을 자랑하는 바다 전망대의 바다 카페에서 프러포즈한다면 평생 기억에 남을 듯하다.

상세 정보는 파트 2 정동진 일출 여행 편 참조

정동진썬 크루즈 선상바비큐 뷔페

　　정동진 해안 절벽에서 당장에라도 바다에 뛰어들 것처럼 서 있는 썬 크루즈 리조트. 썬 크루즈 리조트의 전망대 하부에는 선상 바비큐 레스토랑이 있다. 절벽의 높이와 크루즈의 높이가 더해 한없이 넓은 시야를 확보한 이 레스토랑은 연인들의 프러포즈 장소로 적격이다. 상세 정보는 파트 2 정동진 일출 여행 편 참조

영월 별마로 천문대

하늘 아래 연인과 나만 있는 것 같은 착각을 일으키게 하는 영월 별마로 천문대. 별마로 천문대는 밤하늘에 반짝이는 별 이외에도 태백산맥을 배경으로 가라앉는 일몰 또한 황홀한 장소이다. 어둠이 내리고 천문대의 거대한 망원경을 감싸던 원형의 지붕이 열리면, 신비로운 어둠 속에 연인과 나, 별만 남는다. 밤하늘의 별과 함께하는 프러포즈라면 더욱더 낭만적이지 않을까? 상세 정보는 파트 3 영월 별빛 여행 편 참조

진주 죽림

　　　　진주 촉석루를 마주 보는 남강가에 위치한 죽림. 하늘을 가릴 듯 우거진 죽림 안은 청량하면서도 은밀한 분위기가 가득하다. 죽림에서 바라보는 진주 촉석루의 야경은 야경 여행의 백미 중 하나다. 고개를 꺾어도 끝이 안 보일 듯 키 큰 죽림 안에서 은밀한 조명을 받으며 프러포즈를 한다면 특별한 추억이 될 것이다. 상세 정보는 파트 3 진주 남강 기행 편 참조

남해 러브 크루즈

남해 상주 해수욕장의 러브 크루즈는 남해의 다도해를 일주하며 한려 수도의 절경을 한눈에 담아 볼 수 있는 낭만적인 크루즈다. 특히 다도해의 아름다운 섬을 배경으로 해가 떨어질 때는 부드럽고 그윽한 분위기가 말을 잊게 한다. 남해의 다도해를 배경으로 프러포즈하기 좋은 여정이다. 상세 정보는 파트 4 남해 독일인 마을 편 참조

힐튼 남해 골프 & 스파 리조트

　　힐튼 남해 골프 & 스파 리조트는 럭셔리 프러포즈를 하기 좋은 장소로, 1박에 40만 원 이상 하는 비싼 리조트이지만 낭만적이고 럭셔리해서 프러포즈 장소로는 적격이다. 남해의 다도해를 눈 아래 두고 스파와 커피를 즐길 수 있으며, 오션 뷰의 숙소와 특급 호텔 수준의 레스토랑과 바, 야외에서 온천을 즐길 수 있는 스파, 전신 관리 테라피 프로그램, 바다를 사이에 두고 샷을 날릴 수 있는 골프 코스까지 갖춘 곳이다.

상세 정보는 파트 4 남해 독일인 마을 편 참조

사랑을 속삭이기 가장 좋은
제주 해안 드라이브
코스 BEST 5

커플이라면 연인과 함께 에메랄드 빛 바닷바람을 맞으며 해안 드라이브를 즐기는 낭만을 꿈꿔 봤을 것이다. 머릿속으로만 그리던 낭만을 실현할 수 있는 곳이 제주도 해안 드라이브 코스다. 과거 12번 해안 일주 도로로 불렸던 1132번 해안 일주 도로를 달리다 보면 곳곳에 해안 도로 진입을 알리는 표지판을 볼 수 있다. 이 간단한 부름에 핸들을 틀면 어느 곳이건 기대를 저버리지 않는 현무암 해변의 절경이 펼쳐진다.

제주도를 에둘러 십여 개에 이르는 해안 도로는 같은 듯 다른 아름다움을 뽐낸다. 용두암 해안 도로가 만개한 여인의 화려함과 같다면, 애월 해안 도로는 뱃일 나간 신랑을 기다리는 새색시의 애잔함이 느껴지는 곳이다. 쓸쓸함이 아련하게 가슴을 울리는 고산-일과리 해안 도로, 신비로운 사계 해안 도로, 사랑스러운 성산-월정리 해안 도로까지 제주도의 해안 드라이브 코스는 다채롭다.

이 중 애월, 사계, 월정리 해안 도로에는 시간이 지나도 진한 잔상이 남는 특별한 아름다움이 있다. 카페 문화가 발전한 몇 년간은 해안 도로 곳곳에 아름다운 카페들이 들어서 드라이브를 즐기는 연인들의 즐거운 안식처가 되고 있다. 그저 스쳐 지나기엔 아쉬운 제주시의 바닷길에 자리한 카페는 연인이 아니더라도 놓치기 아쉬운 여행의 쉼표다.

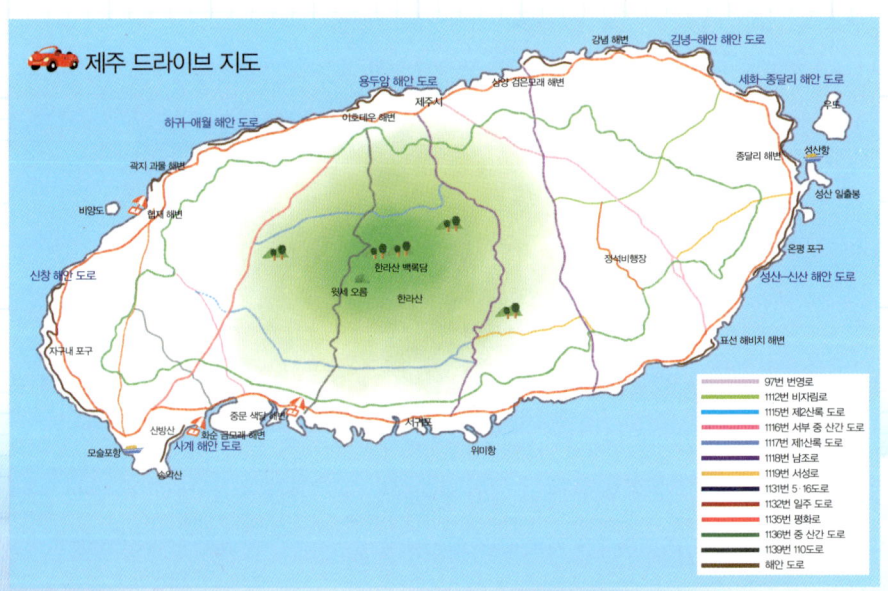

🚗 제주 드라이브 지도

강녕 해변
김녕·해안 해안 도로
용두암 해안 도로
삼양 검은모래 해변
세화·종달리 해안 도로
하귀·애월 해안 도로
이호테우 해변
제주시
종달리 해변
성산항
곽지 과물 해변
성산 일출봉
비양도
협재 해변
온평 포구
신창 해안 도로
장성비행장
성산·신산 해안 도로
한라산 백록담
자구내 포구
윗세 오름
한라산
표선 해비치 해변
산방산
모슬포항
중문 색달해변
화순 금모래 해변
송악산
사계 해안 도로
서귀포
위미항

97번 번영로
1112번 비자림로
1115번 제산록 도로
1116번 서부 중 산간 도로
1117번 제산록 도로
1118번 남조로
1119번 서성로
113번 5·16도로
1132번 일주 도로
1135번 평화로
1136번 중 산간 도로
1139번 110도로
해안 도로

가을녘 최고의 노을 데이트 코스, 애월 해안 도로

하귀에서 애월까지 약 9km에 이르는 애월 해안 도로는 제주도 해안 도로 중 노을이 가장 아름다운 해안 도로로 손꼽힌다. 특히 가을 정취가 일품인 곳으로 해안 도로를 따라 흐르는 억새와 푸른 바다가 만들어 내는 절경은 보는 이들의 가슴을 애잔하게 만든다. 애월 해안 도로는 춤추는 여인의 손놀림같이 유려하게 굴곡진 해안선을 따라 펼쳐지는 절경마다 전망 터와 분위기 있는 카페들이 자리하고 있다. 다른 해안 도로보다 쉼터와 볼거리들이 많아 여유와 휴식을 즐기기 좋은 해안 도로다.

애월 해안 도로를 따라가다 보면 구엄의 돌 염전 터, 옛 배를 뜻하는 테우 쉼터, 남또리 쉼터, 다락 쉼터, 한담 공원 해안 산책로 등이 이어진다. 이 중 특히 다락 쉼터는 탁 트인 바다를 감상할 수 있는 벤치와 해녀 조형물, 넓은 주차장 그리고 제11회 아름다운 화장실 공모전에서 은상을 받은 깔끔한 화장실까지 겸비하고 있어 잠시 차를 세우고 연인과 함께 데이트를 즐기기 좋은 장소다.

둘만의 산책을 즐기고 싶을 때는 애월 해안 도로 끝에 있는 한담 공원 해안

과물 노천탕
위치 제주 제주시 애월읍 곽지리

산책로도 좋다. 발 옆으로 부딪히는 파도를 보면서 산책을 즐기기 좋게 잘 닦인 1.2km
의 해안 산책로는 곽지 과물 해변에서 끝이 난다. 곽지 과물 해변은 제주도의 다른 해
수욕장보다 뛰어난 아름다움은 없지만, 용천수로 만들어진 과물 노천탕이 있다.

애월 해안 도로에는 제주도의 무인 카페 전성시대를 연 유명한 무인 카페
중 하나인 산책(제주특별자치도 제주시 애월읍 고내리 1155)이 있다. 공정 무역 원두커피
(2,000원)를 판매하는 이 무인 카페는 16올레길의 시작인 고내 포구 앞에 있다. 제주도
에 무인 카페가 늘어난 계기는 올레길이 활성화되면서 혼자 여행하는 낭만 과객들이
늘면서부터다. 자유롭게 걷고, 드라이브하며 여행하다 무인 카페에서 책 한 권의 여유
와 커피 한잔의 낭만을 즐기고 나올 때 벽에 걸린 요금표를 보고 커피 값을 놓고 나오
면 된다. 단, 자신이 마신 커피잔은 스스로 씻어 놓고 와야 한다.

아름다운 길 100선에 선정된 형제 해안 도로

송악산에서 산방산까지 이어지는 약 5.6km의 형제 해안 도로는 산방산과 사계 해안 그리고 그 앞에 그림같이 떠 있는 형제섬이 만들어 내는 신비로운 풍광으로 유명한 곳이다. 일명 사계 해안 도로로 불리는 형제 해안 도로는 제주도의 많은 해안 도로 중 가장 아름답다고 평가되는 곳이다. 형제 해안 도로의 볼거리로는 산방산과 산방굴사, 용머리 해안, 하멜 기념선, 사계 해변의 카페와 송악산이 있다. 높이 395m 산방산은 종을 엎어 놓은 듯한 신비로운 모습으로 많은 관광객이 찾지만, 그 안에 있는 영주 십이 경 중 십 경의 자리를 차지하는 산방굴사는 지나치는 이들이 많다. 하지만 슬픈 사랑 이야기를 품은 산방굴사에서 바라보는 해안 절경은 눈을 뗄 수 없을 정도로 매혹적이다.

산방굴사의 산방덕이 전설은 슬픈 사랑 이야기다. 오래전 산방산 자락에 아이 없이 살던 노부부가 산방굴에 올랐더니 갓난아이가 울고 있어 노부부가 기뻐하며 데려와 산방덕이라 이름 짓고 키웠다고 한다. 산방덕이는 아름답게 자라나 고승이라는

한 청년과 결혼하여 행복하게 살았다. 하지만 산방덕이의 아름다움에 욕심이 생긴 고을 원님이 고승에게 누명을 씌워 귀양을 보낸다. 이에 산방덕이는 고을 사또를 피해 산방굴사로 올라간 고승을 생각하며 눈물을 뚝뚝 흘리다 돌로 변해갔다고 한다. 그래서 지금도 산방굴사의 천정에서는 물이 뚝뚝 떨어져 내려 작은 샘을 이루고 있다. 고승에 대한 사랑을 지키고자 했던 산방덕이의 눈물 한 잔을 마시며, 사랑하는 사람과 시대를 초월한 사랑에 대한 메시지를 나누는 것도 좋을 듯하다. 산방굴사는 가파른 계단을 올라 산의 200m 자락에 있다.

그 계단 아래 전망 좋은 자리에 레이지 박스 카페가 있다. 게스트 하우스까지 겸한 레이지 박스 카페는 허름한 슈퍼를 뛰어난 감각으로 재단장한 곳이다. 바리스타 자격증까지 갖춘 스텝들이 직접 만드는 커피와 수제 당근 케이크를 맛보면, 이 카페가 전망만으로 유명해진 것은 아니라는 걸 알 수 있다. 도로에서 집 한 채 정도 높이로 올라와 있어서 탁 트인 시야가 시원스럽다.

레이지 박스 카페
위치 서귀포시 안덕면 사계리 177-5
문의 064-792-1254

318

낭만적인 운치를 느낄 수 있는 사계 해안

산방산에서 조금만 차를 몰고 해안으로 달려가면 사계 해안을 만날 수 있다. 신비롭고 낭만적인 사계 해안 도로의 특성상 아름다운 카페들이 곳곳에 있다. 그리스풍 2층 카페인 씨 앤 블루와 Stay with Coffee, YOU & I 등 인상적인 카페들이 있어 아름다운 사계 바다를 감상하며 커피 한잔의 낭만을 즐길 수 있다.

이 중 씨 앤 블루(제주특별자치도 서귀포시 안덕면 사계리 2147-2) 2층에서 조망하는 사계 해안의 아름다움은 특별하다. 카페의 2층 힐링 존에서는 편백 나무의 향기를 맡으며 에메랄드 빛 바다 너머 보물섬으로 불리는 형제섬을 망원경으로 관찰할 수 있다. 이때 운이 좋으면 돌고래도 볼 수 있다. 사계 앞바다와 형제섬 사이는 여름이 되면 수많은 돌고래가 지나다니는 길목이 되기 때문이다. 씨 앤 블루의 주인인 김영한 씨는 〈총각네 야채 가게〉와 〈스타벅스 감성 마케팅〉 등 46권의 책을 집필한 베스트셀러 작가이다. 제주도 올레길이 좋아서 무작정 제주도로 내려와 전망 좋은 사계 해안의

카페 주인이 되었다. 맛 좋은 커피와 촉촉하고 달콤한 허니 브레드를 먹으며 야자수 나무와 시원하게 뻗은 해안선을 바라보면 이곳이 어느 경치 좋은 열대 나라의 리조트인 듯하다.

사계 해안의 끝에는 드라마 〈올인〉과 〈대장금〉의 촬영지, 송악산이 있다. 일제 강점기 말 일본이 제주도를 태평양 전쟁의 전진 기지로 만들었기 때문에 제주도 해안 곳곳에는 송악산 진지 동굴과 같은 인공 동굴들이 많이 남아 있다. 이 중 송악산 해안가에 있는 15개의 진지 동굴은 미군 함이 나타나면 작은 보트에 폭탄을 싣고 가서 자폭하는 가이텐(回天) 특공대가 주둔했던 곳이다. 이 진지 동굴에서 〈대장금〉을 촬영했다.

몇 년 전만 해도 산방산은 12인승 이하의 승용차로 경사로의 거의 끝 부분까지 올라갈 수 있었다. 하지만 현재는 언덕 아래에 주차한 후 걸어 올라가야 한다. 산방산의 억새 너머 푸른 바다와 형제섬이 어우러진 전망은 애잔함이 가득하다. 그래서일까? 이곳 또한 〈올인〉의 촬영지였다. 해안 절벽을 따라 걷다 보면 우측으로는 송악

목장의 이국적인 풍경이, 왼편으로는 해안 절벽 너머 짙푸른 바다가 그림같이 펼쳐진다. 날이 맑으면 산방산 전망대에서 추자도와 마라도까지 볼 수 있다.

로맨틱한 해안 드라이브 코스 신산리~월정리 해안 도로

제주도 동해안 변 삼 분의 일을 이어 만든 신산리~월정리 해안 도로는 신산~성산, 성산~세화, 행원~월정 세 구간으로 나누어 많이 알려진 곳이다. 하지만 현재는 이 세 구역이 다 이어져 있어 나누는 것이 무의미하다. 시원스럽게 뻗은 해안 도로를 달리다 보면 드라마 〈올인〉의 성당 결혼식 장면을 찍었던 섭지코지, 동해안 최고의 일출 명승지인 성산 일출봉, 국내 유일의 문주란 자생지인 토끼섬, 행원리의 풍력 발전 시범 단지와 에메랄드 빛 바다로 유명한 월정리 해안까지 모두 한눈에 담을 수 있다.

제주도 최고의 낭만 포인트 섭지코지

　　이 구간 최고의 볼거리는 섭지코지다. 개인적으로는 북적거리는 관광지를 좋아하지 않아서 중국과 일본 관광객들로 넘치는 섭지코지를 가고 싶지 않았지만, 섭지 코지만의 드라마틱한 풍광과 낭만적인 분위기는 언제나 나의 발길을 이곳으로 이끈다.

　　섭지코지를 세계적인 관광지로 만든 드라마 〈올인〉의 야외 세트장인 성당 과 수녀원, 보육원은 섭지코지의 아름다운 풍경 안에 그림같이 자리하고 있다. 그냥 대 충 찍어도 그림엽서 같은 사진이 나온다.

　　섭지코지의 〈올인〉 세트장 주위의 볼거리로는 등대와 조선 시대 해안 봉화 대인 연대(煙臺)가 있다. 바다와 초원 그리고 등대와 말들이 어우러져 섭지코지는 그 자체로 명화다. 섭지코지는 아름다운 경관으로 〈올인〉, 〈대풍수〉를 비롯한 많은 드라 마와 〈단적비연수〉, 〈이재수의 난〉 등 한국 영화의 단골 촬영지가 되기도 했다.

최근 섭지코지에 연인들에게 추천해 주고 싶은 레스토랑이 생겼다. 레스토랑 '민트'가 그 주인공으로 섭지코지에 있는 휘닉스 아일랜드 내에 있다. 하지만 휘닉스 아일랜드의 숙박동보다 섭지코지의 해안선에 더 가까워 섭지코지 등대에서 도보로 3분 거리다. 연인과의 여행이라면 섭지코지의 해안 산책로를 따라 올인 촬영장, 연대를 지나 등대까지 관람한 후 등대 근처에 있는 민트에 들려 식사나 커피 한잔의 낭만을 즐겨 보자. 민트는 일본의 유명 건축가 안도 타다오가 디자인했다. 섭지코지 해안 전경을 실내로 끌어오기 위해 사방을 통유리로 만든 글라스 하우스의 2층에 있는 민트에 앉아 있으면 바다 위에 연인과 나 둘만이 떠 있는 듯하다.

성산에서 세화 쪽으로 달리다 보면 오른편으로 우도가 바라다보이는 아름다운 종달리 해안이 있다. 이 어여쁜 해안을 지나면 왼편으로 지미봉 오름과 어우러진 아름다운 하도리 철새 도래지를 볼 수 있다. 해안에 하구 둑을 쌓아 저수지로 만든 곳으로 은빛 억새와 지미봉이 어우러진 전경이 매우 뛰어나 사진가들도 즐겨 찾는 곳이다. 매년 9월부터 12월 사이 황새, 저어새 등의 희귀한 새들을 비롯하여 각종 철새가 한겨울을 나기 위해 찾아온다.

이곳을 지나 약 2km 더 가면 오른쪽으로 우리나라 유일의 문주란 자생지인

민트
위치 서귀포시 성산읍 고성리 127-2
문의 064-731-7000

토끼섬이 있다. 해안에서 50m쯤 떨어진 곳에 있는 토끼섬은 7월 말~9월 초까지 문주란이 피어 온 섬을 하얗게 덮는다. 그 모습이 마치 하얀 토끼 같다 해서 토끼섬으로 불린다. 속설에 의하면 문주란의 향기는 천 리를 간다고 하니, 토끼섬은 여름철 커플 여행객이라면 놓치지 말아야 할 낭만 포인트다. 썰물 때는 걸어 들어갈 수 있다.

바람, 여자, 돌이 많은 제주도는 내륙과 다르게 풍력 발전기를 흔히 볼 수 있다. 국내 최초의 풍력 발전 단지도 제주도 행원에 있다. 제주도에는 신창, 행원, 김녕, 가시리 등에 풍력 발전기가 세워져 있다. 순위를 정하기 어렵겠지만, 이 중 가장 아름다운 풍력 발전기를 뽑으라면 단연 행원 풍력 발전 단지다. 신창이나 김녕의 해안 변에 세워진 풍력 발전기들과 달리 행원의 풍력 발전기는 바다 가운데 세워져 있어 신기하기 그지없다. 특히 월정리 해변은 투명한 에메랄드 빛 해안으로 유명해 비취 빛 바다와 어우러진 풍력 발전기의 하얀 날개가 지극히 이국적인 풍광을 연출한다.

행원 풍력 발전 단지 인근에는 근처에 있는 행원 육상 양식 단지에서 탈출한 물고기들을 잡아먹으려는 갈매기들이 많다. 그래서 이 근처 바닷가 호수에 가면 횟집 어항에서나 보던 물고기들이 헤엄치고 있다. 제주의 아름다운 하늘을 쟁취한 그들이 근사해 보인다. 행원 풍력 단지 인근에는 월정 어촌계 식당이라는 맛집이 있다. 우럭 정식이 이 식당의 대표 메뉴로 우럭을 통째로 튀겨서 양념을 입혀 나오는데 맛이 일품이다.

월정 어촌계 식당
위치 제주특별자치도 제주시 구좌읍 월정리 1400-45
문의 064-748-6258
메뉴 우럭 정식 2인 24,000원

324

일몰이 가장 아름다운 신창 해안 도로

신창 해안 도로는 신창에서 고산까지 짧은 구간으로 이루어졌다. 하지만 가장 아름다운 일몰을 볼 수 있는 곳이기도 하다. 해안 도로에서 바라보는 차귀도를 배경으로 가라앉는 일몰이 화려하기 그지없다. 이러한 일몰을 감상하기 좋은 카페가 바이린 하우스(제주특별자치도 제주시 한경면 용수리 4233/ 문의 064-773-1602)다. 손녀의 이름을 따서 By Lynn's House라 이름 지었다고 한다. 게스트 하우스도 겸한다. 신창 해안 도로는 일명 풍차 해안으로도 불린다. 풍차와 바다가 어우러진 멋진 풍경으로 〈신들의 만찬〉, 〈시크릿 가든〉 등의 드라마와 CF의 배경지가 되었다.

용두암에서 이호테우 해변까지 용두암 해안 도로

　　용두암에서 이호테우 해변까지 이어지는 해안 도로다. 제주시와 공항에서 가장 가까운 해안 도로여서 많은 건물이 늘어서 있으며 해안 도로의 중심부는 카페촌을 형성하고 있다. 밤바다에 떠 있는 어선들이 밝히는 불빛과 가로등 불빛 그리고 카페의 불빛이 어우러져, 야경으로 유명하다. 제주도 젊은이들의 야간 데이트 코스로 사랑받는 곳이다.

신비로운 오름과 이국적인 목장 지대를 관통하는
제주도 내륙 드라이브 코스 BEST 7

제주도의 가장 큰 매력은 오름이다. 약 370여 개에 이르는 기생 화산이 한라산과 어우러져 만들어 내는 신비로움은 전 세계 어느 여행지와 빗대어도 모자라지 않다. 이 오름의 신비로움을 쉽게 만끽할 수 있는 곳이 중 산간 지대의 도로이다. 이 중 오름로라 불리는 금백조로와 1119번 서성로는 오름을 보기에 가장 좋은 중 산간 지대의 도로다. 겨울철 눈꽃 드라이브 코스로는 제1산록 도로가 좋다. 눈이 많이 내리는 지역을 통과하는 5·16 도로도 숲 터널로 불릴 정도로 우거진 가로수들이 만들어 내는 눈꽃을 감상할 수 있는 곳으로 유명하다.

대한민국의 가장 아름다운 도로 100선에 선정된 녹산로는 오름과 유채꽃이 어우러져 초봄에 절정의 아름다움을 자랑하며, 삼나무 숲길로 유명한 1112번 도로는 20m에 이르는 삼나무가 만들어 내는 이국적인 경치로 각종 광고의 배경이 되고 있다. 이 중 녹산로는 과거 제주도 최대 방목 지역인 갑마장 지역을 관통하고 있어 오름과 마 목장 그리고 유채꽃이 어우러져 신비로운 풍광을 자랑한다.

제주도 서남부의 목장 지대를 관통하는 도로들 또한 특별한 아름다움이 있다. 1135번 도로를 타고 모슬포 쪽으로 달리다 그리스 신화 박물관에서 우회전해서 성 이시돌 목장으로 진입하면 목가적인 아름다운 풍경이 눈앞에 펼쳐진다.

한국의 아름다운 길 100선에 선정된 녹산로

1112번 도로를 타고 대천동 방향으로 달리다 정석 항공관 표시가 나오면 우회전해서 가시리 사거리까지 직진하는 도로가 녹산로다. 대록산과 소록산이 있어 녹산로라 불린다. 녹산로는 유채꽃길로 유명하다. 제주 유채꽃 큰 잔치가 벌어지는 곳이기도 하다. 유채꽃은 3~4월에 꽃이 피는데, 이 시기에 녹산로를 달리면 도로 양옆에 노란 유채꽃이 흐드러지게 피어 있다.

녹산로는 13개의 오름의 호위를 받으며 조선 시대 최대의 마방지였던 가시리 지역을 관통한다. 녹산로의 삼 분의 이 이상이 조선 최고의 말을 일컬었던 갑마를

INFORMATION ★★★★☆

조랑말 체험 공원

위치 제주특별자치도 서귀포시 표선면 가시리 산 41
문의 070-4145-3456
홈페이지 jjhorsepark.alltheway.kr

생산한 갑마장 구역이다. 그래서 녹산로를 달리다 보면 길 한쪽으로 늘씬하게 뻗은 다리를 자랑하는 말들이 뛰노는 것을 볼 수 있다.

　　가시리는 4·3사건의 슬픈 역사를 간직한 곳으로 마을 공동체에서 운영하는 조랑말 체험 공원과 가시리 디자인 카페, 자연 사랑 갤러리, 4·3 애기 무덤, 제주도의 마 목장 문화를 살필 수 있는 갑마장길 등 역사적, 문화적 즐길 거리가 많다. 이 중 조랑말 체험 공원은 조랑말을 타고 초원까지 나가 볼 수 있는 조랑말 체험장과 제주도의 목축 문화를 살펴볼 수 있는 유물, 예술품 100여 점이 전시된 전시관, 공정 무역으로 들여온 커피를 맛볼 수 있는 세련된 카페로 구성되어 있다. 특히 전시관의 옥상은 오름과 어우러진 초원에서 뛰노는 말과 조선 최고의 갑마를 기르던 갑마장의 경계를 짓던 잣성, 가시리 풍력 단지가 어우러져 그림 같은 풍광을 선사한다.

　　추천하건대 조랑말 체험과 전시관 관람, 카페에서의 커피 한잔까지 묶어 판매하는 패키지 권(10,000원)을 구매해서 체험, 관람한다면 후회는 없을 것이다.

억새와 오름의 아름다운 하모니 1119번 서성로

억새길 드라이브 코스로 가장 유명한 곳이 성산 일출봉에서 성읍 민속 마을을 연결하는 1119번 서성로다. 도로 양쪽으로 늘어선 억새와 함께 제주도의 오름을 배경으로 드라이브를 즐길 수 있다. 멀리 한라산과 그 앞으로 봉긋이 솟은 오름들이 갈색의 초원 위로 만들어 내는 풍광은 말할 수 없이 신비롭다. 이 길은 성산에서 성읍으로 향하는 코스도 좋지만, 성읍에서 성산 방향으로 성산 일출봉을 바라보며 달리는 게 더욱 좋다.

눈꽃과 억새가 아름다운 1117번 산록 도로

서부 관광 도로(1135번 도로)와 1100번 도로(1139번 도로), 그리고 5.16 도로(1131번 도로)까지를 연결하는 산록 도로(1117번 도로)는 제주도만의 독특한 풍광을 간직한 산록 지역을 가로지른다. 19.3km에 이르는 이 길은 가을이면 억새까지 가세해서 최고의 드라이브 코스를 제공한다. 바다와 한라산을 모두 감상할 수 있는 산록 도로는 밤이 되면 반짝이는 제주시를 감상할 수 있어 야간 드라이브 명소이기도 하다. 1100번 도로와 5.16 도로 중간쯤에 있는 관음사는 가을이면 단풍으로 화려한 장식을 하고 고혹적인 자태를 뽐낸다.

수많은 CF 배경지, 삼나무 숲길 1112번 도로

　　　5.16 도로를 타고 가다 1112번 길로 접어들면 삼나무가 도로 양편을 가득
메우는 이국적인 풍광이 나타난다. 20m가 넘는 곧디곧은 삼나무가 빽빽하게 들어서
마치 북미의 어느 삼림 지역에 와 있는 듯하다. 낭만적인 분위기를 원할 때는 꼭 들러
야 할 곳이다. 1112번 도로를 달리다 보면 요즘 주목받는 사려나무 숲길이 나온다. 주
차하고 좀 걸어가야 하는 번거로움이 있지만, 많은 사람의 사랑을 받고 있다.

오름의 향연 금백조로(오름로)

　　　1112번 도로를 타고 대천동 사거리를 지나 송당 방향으로 직진하다 수산
방향으로 우회전하면 된다. 만약 길을 잘못 찾을 것 같으면 내비게이션에 '백약이 오
름'을 치면 찾을 수 있다. 금백조로는 일명 오름로라 불린다. 가로수 없이 탁 트인 길을

중심으로 아부 오름, 문석이 오름, 동거문 오름, 가문이 오름, 백약이 오름 등 많은 오름이 포진하고 있다. 아름다운 은빛 억새와 신비로운 오름이 펼치는 오름의 향연은 내륙인들에게는 신비의 극치다.

한라산을 넘는 숲 터널 5.16 도로

　　　5.16 도로로 통칭하여지는 1131번 도로는 한라산 중턱을 넘어 제주시와 서귀포시를 잇는 아름다운 도로이다. 5.16 도로는 총연장 41.2km의 도로로써 높이 720m의 성판악 휴게소를 거치며 한라산 중턱의 갖가지 모양새를 감상할 수 있다. 특히 하늘을 덮는 울창한 나무로 이루어진 약 1km의 숲 터널은 참으로 아름답다. 이 숲 터널에 하얀 눈꽃이 필 때면 절경이 펼쳐진다. 5.16 도로 중간쯤에 있는 제주 마방 목지는 제주도만의 이국적인 목장 풍경을 감상할 수 있는 곳이다.

INFORMATION ★★★★☆

성 이시돌 목장

위치 제주특별자치도 제주지 한림읍 금악리 116
전화 064-796-0396
홈페이지 www.isidore.co.kr

넓은 목장 지대가 펼쳐진 성 이시돌 목장길

제주도의 서남부 중 산간 지대에는 넓은 초지가 발달하여 성 이시돌 목장을 중심으로 많은 목장이 있다. 서부 관광 도로인 1135번 도로를 타고 가다 그리스 신화 박물관에서 우회전해 들어가면 목장 지대가 펼쳐진다. 하지만 꼭 이 길이 아니라도 이 지역의 어떤 길을 가더라고 넓게 펼쳐진 초원 위에 뛰노는 말들과 소들 그리고 목장 지대에 볼록하게 솟은 오름들을 볼 수 있다. 단, 목장길이기 때문에 도로 표지판이 잘 안되어 있어 길을 헤맬 수 있다.

추천 이곳은?

★ 렌터카 여행 시 주의사항

과속 방지 턱 주의!

제주도는 도로망이 잘 닦여 있고 도로가 한산하며 주위 풍광이 아름다워 드라이브 장소로는 최적이다. 그래서 과속에 대한 유혹이 많지만 과속 방지 턱이 많고 제한속도가 60 이하인 곳이 대부분인데다 무인 카메라가 많으므로 과속해서는 안 된다. 또한, 교차로에 신호등이 없는 곳이 많아 사고가 자주 나므로 주의해야 한다.

운전 중 하지 말아야 할 행동

해안 도로를 달릴 때 운전자의 옆 사람은 아무리 주변 경치가 아름다워도 '저 것 좀 봐봐. 진짜 예술이다!'라는 등 운전자가 시선을 뺏길 만한 말은 삼가야 한다. 그 순간 운전자가 전방을 주시하지 않고 시선을 돌리게 되므로 위험하다. 제주도는 해안 도로의 아름다운 포인트마다 쉼터를 잘 만들어 놓았으니, 차를 정차하고 쉼터나 카페를 이용하는 것이 좋다.

렌터카 인수 시 주의사항

공항에서 차량을 인수할 때 렌트 회사 직원과 차량 내·외관을 꼼꼼히 살펴야 한다. 계약서를 보면 차량

상태를 자세히 기재하게 되어 있다. 계약서에 차량의 긁힘, 패임 여부를 꼼꼼히 기재하면 차량 반납 시 원래 있던 상처인지, 자신이 만든 상처인지 시비가 쉽게 가려진다. 불안한 마음이 든다면 핸드폰으로 찍어 두는 것도 좋다.

5.16 도로(1131번 도로), 1100번 도로(1139번 도로) 운행 시 주의

이 도로들은 한라산을 가로지르는 급경사, 급커브가 심한 도로들이다. 운행 시 브레이크 사용이 많아 과열로 인한 차량 고장 및 사고가 가끔 발생한다. 이를 예방하기 위해서 오토 차량으로 운전할 때는 기어를 2단에 넣고 운행하면 안전하다. 브레이크 과열로 냄새가 날 때는 30분에서 60분 정도 정차하여 열을 식힌 후 운행하는 것이 좋다. 특히 5.16 도로는 갓길이 없으므로 사진을 찍겠다고 정차하는 것은 위험하다.

제주도 오토 캠핑 여행

낭만의 해안 캠핑에서 럭셔리 글램핑 캠핑까지

'뿌~~~' 하는 뱃고동 소리와 함께 녹동항에서 출발하는 여객선에 차를 싣고 2시간 10분쯤 지나면 제주도에 도착한다. 생각보다 운항 시간이 짧아 여객선 위에서 바람을 맞으며 드넓은 푸른 바다를 감상하는 시간이 지루하지 않다. 제주도에서 캠핑한다는 것은 캠핑족에게는 로망이다. 이 배에 실린 차 안에는 텐트, 랜턴, 침낭, 버너, 코펠 등등 많은 캠핑 도구와 섬 물가를 생각해 기본적인 먹거리들이 가득 채워 있다. 캠핑은 준비를 잘해야 한다. 그리고 서로 배려하는 마음이 있어야 한다. 아무리 연인이라도 텐트 치는 남자 친구를 두고 홀로 커피를 마시며 제주 바다의 정취에 빠진다면 사랑 온도는 내려갈 것이다.

최근 십 년간 캠핑 인구가 100만을 넘어설 정도로, 지금은 캠핑 전성시대다. 그래서 얼마 전까지만 해도 캠핑 불모지였던 제주도에도 이젠 제법 야영지들이 시설을 확충하고 있다. 관음사 야영장, 돈네코 야영장, 모구리 야영장, 서귀포 자연 휴양림 야영장 등은 국가에서 운영하는 국립 야영장이다. 여름이라면 맑디맑은 돈네코 계곡에서 수영을 즐길 수 있는 돈네코 야영장을, 제주도만의 이국적인 풍광에 취해 보고 싶다면 초원의 낭만을 즐길 수 있는 모구리 야영장을 추천한다. 모구리 야영장은 온수가 나올 정도로 시설 면에서도 좋은 평가를 받는 곳이지만 그늘은 부족하다.

시원한 나무 그늘이 있는 협재 해수욕장

바다를 즐기고 싶다면 해수욕장 부설 야영장들이 좋다. 협재, 곽지, 이호, 김녕, 함덕, 표선 등 제주도에 있는 대부분 해수욕장이 야영장을 운영하는데 개인적으로는 협재 해수욕장을 추천한다. 해수욕장에 있는 부설 야영장을 고를 때는 햇빛을 가릴 수 있는 수목이 있는지를 꼭 점검해야 한다. 그런데 아쉽게도 제주도의 해수욕장에 있는 부설 야영장들 중 나무 그늘이 있는 곳은 협재와 이호 해수욕장밖에 없다. 제주도는 워낙 바람이 세서 바람을 가리는 것도 중요하므로, 사구가 바닷바람을 막고 소나무가 큰 그늘을 제공하는 협재 해수욕장 야영장이 캠핑하기에 좋다.

협재 해수욕장 야영장에 도착했다면 나무 그늘이 있는 소나무 사이에 텐트를

치고, 테이블 세팅까지 완료한다. 그리고 제주도의 싱싱한 해산물이 가득한 서귀포 매일 올레 시장에 가서 제주 은갈치를 사서 화로대 위에 올려 구워 먹어도 좋고, 생선회를 떠 오거나 흑돼지를 구워 먹어도 좋다. 재래시장에서 흥정도 해 보고 이런저런 구경도 해 보면 그 자체가 또 다른 여행이 될 것이다. 하지만 밤 늦은 시간이거나 피곤하다면 대형 마트에 가도 좋다. 이마트 신제주점과 서귀포점, 롯데마트 제주점 등이 제주시와 서귀포시 인근에 있다. 제주도 대형 마트에는 제주도의 싱싱한 해산물 코너는 물론 제주 흑돼지 코너도 있다.

　　　　캠핑 음식을 장만했다면 느긋하게 커피 한 잔 들고 캠핑장 앞 벤치에 앉아 협재 해변의 비경을 즐겨 보자. 조개가 부서져 만들어진 은모래를 발아래 두고 눈을

감으면, 제주도의 바람이 온몸을 휘감는다. 해 질 녘 협재는 비양도를 배경으로 노을빛 스카프를 휘두르는 듯한 아름다운 낙조를 감상할 수 있다. 이 주홍빛 마술에 함께 취할 수 있는 사람이 옆에 있다는 것은 축복이다.

산방산을 바라보며 즐기는 산방산 탄산 온천

협재 해수욕장의 야영장에 있는 샤워장에서는 찬물만 나온다. 날이 서늘하거나 찬물로 샤워를 못하는 사람이라면 산방산 탄산 온천(제주특별자치도 서귀포시 안덕면 사계리 981/ 064-792-8300)을 이용하면 좋다. 산방산을 바라보며 온천욕을 즐길 수 있는 천연 탄산 온천으로 온천욕 후엔 몸이 개운해지는 것을 느낄 수 있다.

INFORMATION ★★★★☆
산방 탄산 온천
위치 제주특별자치도 서귀포시 안덕면 사계리 981
전화 064-792-8300
홈페이지 www.tansanhot.com

신라 호텔 글램핑, 카바나 빌리지

제주도 신라 호텔에서는 쉬리의 언덕에 글램핑 카바나 빌리지를 만들었다. 쉬리의 언덕 인근 숲 속 카바나 스타일의 대형 텐트 안에는 침대형 소파, 해먹, 힐링 스톤 풋 스파, 턴테이블, 벽난로까지 럭셔리한 캠핑 장비로 가득하다. 이 럭셔리한 캠핑장에서는 요리도 직접 하지 않는다. 전문 요리사가 텐트 앞의 바비큐 그릴에서 최고급 바비큐 요리를 직접 만들어 준다. 모닥불과 제주도의 푸른 바다, 신선한 숲의 공기에 둘러싸여 캠핑의 기분에 한껏 젖어 있다가 밤이 되면 안락한 호텔 룸에서 잠드는 로맨틱하고 귀족적인 캠핑 체험이다.

사실 캠핑의 분위기와 즐거움만 취하고 고달픔과 불편함을 제거한 글램핑은 꽹장히 합리적인 캠핑일 수 있다. 특히 힘든 것 싫고, 잠자리 가리는 사람들이라면 이런 럭셔리 글램핑은 오감 만족의 최고봉이다. 특별한 날 연인과 함께 캠핑의 묘미도 맛보고 안락한 호텔 방에서 로맨틱한 밤을 보내고 싶다면 최고의 선택이 될 것이다.

INFORMATION ★★★★☆

신라 호텔 카바나 빌리지

위치 서귀포시 색달동 3039-3
전화 064-735-5179(예약 필수)
홈페이지 www.shilla.net/kr/jeju

　　글램핑 장소 바로 앞에 있는 신라 호텔 쉬리의 언덕은 언제나 연인들로 붐비는 데이트 장소다. 깎아지른 듯한 해안 절벽에 아스라이 놓인 벤치에서 연인과 함께 로맨틱한 시간에 젖어 보자. 쉬리의 언덕 우측엔 커피 판매소가 있다. 바람 많은 쉬리의 언덕을 찾는 이들에게 따뜻한 커피를 파는 곳은 언제나 유용하다.

★ 차 가지고 제주도 가는 방법

차를 가지고 제주도로 가는 방법은 생각보다 다양하다. 인천, 목포, 완도, 장흥군 노력항, 여수, 고흥군 녹동항, 삼천포에서 제주도로 가는 배 편 있다. 얼마 전까지만 해도 평택과 부산에서도 제주행 배가 있었지만, 운항 시간이 13시간이 넘고 운임이 비싸서 운항하지 않는다.

만약 제주도까지의 운항 시간이 짧은 남해안의 항구를 이용하기로 했다면 여행 기간을 넉넉하게 잡아서 전라남도나 경상남도 쪽을 연계해서 여행하면 더욱 좋다.

★ 여객선 정보

완도에서 제주항으로 가는 배편

문의 한일 고속 1688-2100 | **소요 시간** 1시간 40분

녹동항(고흥군)에서 제주항으로 가는 배편

문의 ㈜남해 고속 061-842-6111, 6112 | **소요 시간** 2시간 10분

노력항(장흥군)에서 성산항으로 가는 배편

문의 장흥 해운 JHFERRY 1544-8884 | **소요 시간** 2시간 20분

목포에서 제주항으로 가는 배편

문의 씨 월드 고속 훼리 주식회사 061-243-1927, 1577-3567 | **소요 시간** 4시간 20분

여수에서 제주항으로 가는 배편

문의 여수 훼리 1644-5801 | **소요 시간** 5시간 30분 소요

삼천포항(사천시)에서 제주항으로 가는 배편

문의 (주)두우 해운 1899-261 | **소요 시간** 8시간

인천에서 제주항으로 가는 배편

문의 청해진 해운 032-889-7800 | **소요 시간** 13시간 30분

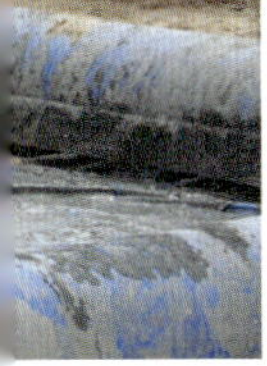

첫 키스처럼 두근거리는 둘만의 여행을 떠나 보자. 시작하는 연인들을 위한 당일 여행, 수줍은 연인들을 위한 무박 야간 여행, 커플들만의 은밀한 1박 2일 여행, 연인과의 로맨틱한 2박 3일 여행…….